日本人にとって自然とはなにか

宇根豊 Une Yutaka

★——ちくまプリマー新書

330

目次 ＊ Contents

はじめに

ほとんどの日本人が「自然が好きだ」「自然にひかれる」と、言います。しかし、「なぜ好きなの」「なぜひかれるの」と尋ねられたら、「そんなこと、あたりまえで、原因を考えたことはない」と答える人が圧倒的に多数です。まして、「あなたにとって、自然とは何なのですか」と質問されたら、戸惑いますよね。じつは私もそうでした。

この本は、その答えを書いた本です。もちろん答えは、私の答えであって、みなさんに通用するかどうかはわかりません。しかし、たぶん相当部分は通用するでしょう。なぜなら、誰も本気で考えたことがないにもかかわらず、自分なりの答えは心の中に持っているからです。それを引き出して表現してみることがなかっただけのことです。そこで、私は考えたきっかけや過程や筋道も語るつもりです。そこで、みなさんも「私もそう感じる」「そうかな?」と、自分の感覚や心情に照らし合わせて、自分なりに考えてみてください。

「でもね、自然は感じるものであって、考えるものではないでしょう」という反論もあるでしょう。私もつい同意してしまいそうになりますが、「考えないといけない」事態になっているのです。なぜならそれは「自然が危機に陥っている」ことよりも、「自然を感じる」ことが困難になっていると思うからです。たとえば「今年、赤とんぼを見ましたか」と尋ねると、村の中でも「どうだったかなあ」と答える人が結構います。自然へのまなざしが減って来ているのです。

私は百姓です。百姓という職業は、多くの職業の中でも、自然（生きもの）に対する感性と情愛がないと成り立たない職業です。否応なしに、自然と向き合い、つきあい、その体験を蓄積してしまうものです。したがって、「百姓なら自然のことはよくわかっているでしょう」と言われますが、そう言われると困ってしまいます。

百姓は、自然（生きもの）には毎日目を向けますが、それでおしまいです。「自然とは何か」などと問い、それに答えを見つけようとは思いません。なぜなら、自然を見つめている自分を、さらに外側から眺めるもう一人の自分がいないと無理だからです。

これは科学的な方法によく似ています。科学は自然を突き放して対象として、外側から分析するからです。したがって、科学は客観的で普遍的な部分の、誰もが納得できる説明には向いていますが、私たちの個人的な経験や情愛を切り捨ててしまいます。たとえばこういうことです。ある学者が、私が草刈りをしている様子をしばらく見ていて、私に声をかけて来ました。「百姓仕事は単純作業の連続ですね。大変でしょう」と。私は驚いて、あっけにとられました。外側から見ればそう見えるのかもしれません。しかし、私は草の名前を呼びながら、草と会話しながら、楽しいひとときを過ごしていたのです。これは、私の内からのまなざしです。

外からのまなざしはすぐに言葉にできます。ところが内からのまなざしは、人に語ることはあまりありません。私たちは物事を外から客観的に見るよりも、内からのまなざしで見たり感じたりする方が多いものです。とくに百姓仕事はそうです。

ところが百姓もずいぶん変わりました。先日も六〇歳ぐらいの百姓が「太鼓打ちを三〇年ぶりに見た」と驚いていました。三〇年ぶりに太鼓打ち（タイコウチ）という水生昆虫が復活したというのではないのです。「オレは三〇年間、何を見て来たんだろう」と彼はため息をついていました。忙しくて、まなざしが自然から遠ざかっていたのです。時代が変わって来たからです。それにもかかわらず彼に、失った三〇年間を振り返らせる力が、その自然（太鼓打ち）にはあったことに、私は感動しました。彼の身体の中に、内からのまなざしが甦（よみがえ）ったのです。

自然を外から、科学的に見ることも大切ですが、自分の思い出（体験）を呼び起こしながら、内からのまなざしで見ることも大切です。私はこの本で、自然を内からと外からと、行ったり来たりしながら、見つめて考えます。なぜなら、この二つのまなざしでは、見え方が全然違うからです。そしてこの二つをつきあわせることによって、考えが深まるからです。その秘訣(ひけつ)もみなさんに伝えるつもりです。

そうそう、みなさんは自然を見つめるときに、自分が日本人であることを意識しますか。たぶん、しないでしょう。私もそうです。ところが「自然とは何か」を考えるときには否や応でも、自分が日本人であることに気づいてしまうのです。その理由はとても面白いので、楽しみにして読んでください。

(注記1)「百姓」という言葉は決して差別語ではなく、江戸時代から誇り高い呼称でした。この本では、この伝統を大切にして使います。
(注記2)近年では、生きものの名前をカタカナで表記する本が多くなりましたが、それでは名づけた人の気持ちが伝わりにくくなるので、この本では、意味がわかりやすいように漢字混じりの「日本語」にしています。

第1章　自然はどう見えているのか

みなさんはどういう時に、どのような自然に目を向けているでしょうか。自然になんか興味ないよ、そんな余裕はないよ、と言う人もいるかもしれません。でも、意外と知らず知らずのうちに自然に目を向けているものなのです。

1　ふと道端の花に目をとめるとき

なぜ野の花を見るのか

道を歩いているときに、ふと道端の小さな花に目がとまることがあります。先日、目がとまった花は、真冬なのに咲き始めている仏の座(ホトケノザ)の紅色の花と、はこべの白い花でした。私は田舎で百姓をしているので、ほとんどが見慣れた草で、ありふれた草です。それでも、時々は「きれいだ」と感じるときがあります。しかし、そこで立ち止まることもなく、そのまま通り過ぎていきます。そして、数分経つと、もう先ほど目にとまった花のことなどすっかり忘れています。したがって「田んぼへの道を歩くのは楽しい。野の花に目がとまるから」などと思うこともなく、まして誰かに話すこともありません。

しかし、あらためてふりかえると、ふと目をとめていた草は、全部名前を知っている草ばかりです。目新しい名前を知らない草なら、むしろ立ち止まってよく見るはずです。「なぜ、ここに生えているのか」と問いつめたい感じです。

ところで、いつも通るこの田舎道は果たして「自然」なのでしょうか。村の中にも田畑を耕す人がいなくなって、放棄された田畑が増えてきました。その横を通るときは「いやだな」と思います。無意識に目を背けてしまいます。しかし、その田んぼが藪になった場所にも、草は生えていて、よく見ると道端と同じ草も混ざって咲いています。しかし、その藪の中の花には私のまなざしは向けられません。まなざしが向けられないところには自然はない、ということでしょうか。

若い頃には、都会の中にはちゃんとした自然はないと思っていました。たとえは悪いのですが、田舎の藪みたいな、それも貧相な自然しかないだろうと、正直思っていました。ところが友人から「都会にも自然はあります。街路樹の根元に咲く野の花はいいものですよ」と言われて、驚きました。それから、都会に行って、街の中を歩くときは、道端の草に目をやるようになりました。田舎と同じ草もいっぱい生えています。

ですから、都会に住んでいる人も散歩のときや、通学・通勤の途中で、ふと道端の野の花に目をとめているのですね。そして名前を覚えたくなるのでしょうね。もっとも、急いでいるときは、気づかないで通り過ぎてしまうのは、田舎でも都会でも同じです。自然とは、いったい何なのでしょうか。どうも「自然は大切だ。自然は破壊してはいけない」と言うときの自然とはちがう自然が身の回りには、あたりまえにあふれています。

これが私たちの日常です。でもなぜ、私たちはふと野の花に目をとめるのでしょうか。なぜ、意識せずにまなざしを向けるのでしょうか（それもかなり個人差があります）。「きれいだと思うから」という返事が聞こえてくるようですが、そうでしょうか。もっと深い理由がありそうです。

蛙が鳴く夜

村に住んでいると、ある日突然に、蛙(かえる)の鳴き声が村中に響き渡ります。六月上旬の夜のことです。百姓でない人は「夏が来たな」と感じるでしょう（私は「誰か田植えを始めたな」と思いますが）。蛙のほとんどは田んぼで産卵します。鳴いているのは雄の蛙で、求愛の声なのです。蛙は田んぼが産卵できる状態になるまで鳴かずに待っているのです（代掻き（しろかき）・田植えが終わると、田んぼの水は温まり、干上がることがなくなり、餌の藻類が一斉に発生し、卵からお玉杓子（オタマジャクシ）が生まれ育つための条件が整うからです）。

しかし私たちは「代掻きと田植えが引き金になって、蛙が鳴き始めたんだな」と因果関係を意識することはなく、蛙が鳴き始めるのは毎年くり返される「自然な現象」であって、「いよいよ本格的な夏が来た」と蛙の鳴く声という自然に季節を感じるのです。

赤とんぼが急に飛び始めるのは、田植えして四五日過ぎた頃です。日本で生まれる赤とんぼのほとんどは田んぼで生まれます。しかし、赤とんぼが群れ飛ぶ夏空や秋空は「自然な現象」であって、この赤とんぼはどこで生まれたのだろうか、と考えることはありません。まして、田植えをして四五日過ぎたから、そろそろ赤とんぼが飛び始める頃だ、などと待ちかまえることもありません。近年、東日本では赤とんぼ（秋茜（アキアカネ））が激減しています。「少なくなった」と気づく人もいますが、「なぜ少なくなったのだろうか」と考える人は、百姓にもあまりいません。

どうも身近な自然というのは、ことさらに意識して、移ろいの原因を突きとめようとするようなものではありません。自然に、あるがままでいいのです。

涼しい風はなぜ気持ちがいいのか

夏の畑での百姓仕事は暑くて困ります。ところが田んぼでの仕事は涼しいのです。とくに稲の葉を揺らしてこちらに吹いてくる風に包まれると、ほんとうに身体の中を風が吹き抜けて行くような気がして、気持ちがいいものです。これは百姓なら実感として誰でも感じています。でも、なぜ田んぼの風は涼しいのか、と問うことはありません。「田んぼには水が溜(た)まっているからじゃないの」とは思うでしょうが、「ではなぜ、水が溜まっていると涼しいのか」と問われると、「冷たい水のイメージがするから、涼しい感じがする」と答える人が多いのですが、夏の田んぼは稲が繁っていて、水は見えません。

田んぼと畑の気温を調査した研究によると、その差は平均すると2・5℃ぐらいだったそうです。「へぇー、そんなに違うのか」とは思いますが、「なぜそんなにまで差が出るのか」と考えることはありません。

晴れた日の夏の夕暮れともなると、田んぼの稲のすべての葉先に、水滴が現れます。それが夕日に反射してきらきら輝いている風景はまるで星空を眺めているのかと錯覚するぐらいで、見とれてしまいます。しかし、昼間はさらに多量の水分が葉先から蒸散しますが、すぐに空気中に消えていくので、人間の目には見えません。夕方になると空気が水分を抱え込むことができなくなり、水滴として葉先に留（とど）まってしまうから見えるのです。

しかし、私たち百姓も「そうか、この水滴が昼間は蒸発して、風を冷やしているのか」などとは考えません。こうした科学的な説明は、涼しい風に身をまかせている気持ちや稲の葉先の露を星空に見立てている感性を台なしにしてしまいます。無粋な、出過ぎた、無駄な説明だ、と感じるのです。

このように私たちは四季折々の様々な自然に目をとめ、それを「自然な現象」として、満喫しています。生きものに目を向けることは気持ちのいいものです。しかし、その出現の原因を問い詰めたりはしません。そんな意識が持ち上がったりしたら、自然は楽しむことができません。自然は、自然なままに感じて身を任せて、離れるとすぐに忘れていくものです。それがいいのではないでしょうか。

2　人間は一服するとき、風景を眺めるのはなぜ？

風景は二の次なんだけど

百姓は田畑で仕事をして、一服するときは木陰で休みますが、お茶を飲みながら、なぜか風景を眺めています。こういう時です。普段は仕事の対象としてしか見ない相手の稲や野菜や田んぼや田んぼの畦（あぜ）や里山が、風景として見えてきます。

もちろん百姓仕事の最中は、仕事の相手である土や水や作物や草や虫だけを見つめています。とくに仕事に没頭してしまうと、周囲のことはもちろんのこと、自分がそこにいることすら忘れています（この境地はとてもいいものです）。ところが仕事の手を休めると、一挙にまわりの世界が広がって見えてきます。こういう時です。「自然に包まれて仕事していたんだ」と気づくのです。そして、仕事の跡を振り返ります。仕事の出来ばえを確かめてしまいます。

次に田畑から出て、畦に腰を下ろして休憩するときに、必ずと言っていいほど、風景を眺めるのです。いや眺めるというよりも向こうから目に飛び込んでくるのです。「そろそろ山の木々に新葉が出てきたな」と、自然の変化に目がとまります。このように風景はまず、季節を告げてくれます。自然の移ろい、と言ってもいいでしょう。この時も、風景の美しさは感じていないわけではありませんが、むしろほっとするのです。なぜなら、この風景は見慣れた（私にとっては、ありふれた）ものですから、美よりも安堵というか、心地よいものなのです。

百姓ではなく室内で仕事をしている人も、仕事の手を休めるときには、窓の外の風景を眺めるのではないでしょうか。無意識のうちに、目が自然に向いてしまうのです。これはどうしてでしょうか。

このように休み時間は、仕事の最中には没頭していた天地自然から抜け出て、自然を外から眺め始める時間になります。仕事の最中は内側から見ていた自然を、外側から見ることができるようになるのです。まさに一挙に視野が広がるのですが、広がるのは視野だけではありません。これは旅行したときの感覚に似ています。

旅行の楽しみ

百姓は旅行中も田畑が目に入ると、「よく草刈りされてるな」「ほう、もう刈り取りしている。早いな」と手入れのことを考え、自家の田畑に思いを馳せるのです。これは、自然を内から見る日頃の習慣を引きずっているのです。この時はなかなか旅行気分になれません。しかし、田畑のない自然や名所旧跡を目にすると、仕事のことなど忘れてしまって、まさに旅人の眼になってしまうので、風景を堪能できるのです。風景を外から見るからです。

旅行の大きな目的は、日常の茶飯事を忘れることでしょう。珍しい風景や風物や行事を見に出かけるのは、別の世界に触れることで、いつもとは違うまなざしを発揮できるからです。

わが家を訪ねてくる友人とは、よく田んぼの畦でゴザを敷いて話します。そんな時に「田んぼの緑がきれいですね」とよく言われますが、百姓は稲をそんな風に見ることはあまりありません。百姓にとって稲の葉の緑は、美しいと言うよりも、稲が生き生きと育っている表情なのです。「葉の色がさめてきたな。そろそろ肥料をやらないといけないな」とつい仕事のことを思うのです。

もちろん、稲の葉の緑がきれいだと感じないことはありません。稲の葉の上を渡っていく風が描く波紋の動きに見とれて「きれいだ」と思うこともあります。しかし、それはすぐに忘れてしまうもので、まして人に語ることではありません。語らないと記憶にも残りません。

しかし訪問者から「緑がきれいだ」と言われて、そうかそんなふうに見えるのか、と驚くことがあります。旅行者と在所の人間では、まなざしがちがうのです。ふるさとから出ていった子どもは、ふるさとは「いいところだ」と言います。外から見ると、良く見えるのです。ここにも内からと外からとの二つのまなざしがあることがわかります。

3　自然に眼が向くのはなぜ?

内からは見えない自然

百姓は自然を相手にしている職業ですから、自然を見つめるのは当然のことだと思われていますが、そうではありません。仕事の最中に意識的にまなざしを向けるのは、自然ではなく、自然の一部である生きものです。稲などの作物や害虫や草などは、百姓仕事の相手ですから、しっかり見ないといけません。田んぼならば、稲がちゃんと育っているかどうかは、毎日気になります。母親や父親が毎朝起きたら、まず子どもの顔を見るのと同じようなものです。害虫や草は、稲の生育の妨げとなるので、これも注意深く観察しないと、適切な対応

（手入れ）ができません。

さらに、田んぼの水や土、そして空模様も自然の一部であり、稲が育つためには、不可欠なものですから、その様子をしっかり観察します。このように私たちは、自然の一部を見ますが、自然の全体を見ているわけではありません。

たしかに「風景」は自然の全体であるような気がしますが、それは自然の表面の姿（表情）であって、自然の全容ではありません。しかも、仕事の最中には、風景など見えません。それでは、みなさんが「自然が好きだ」「自然の魅力にひかれる」と言うときの「自然」とは、これらの部分（生きものや風景など）を指して言っているのでしょうか、それともそれらの全体を思い描いて言っているのでしょうか。

自然の外に出る

自然はその内側から見ると、生きものが見えます。生きものと同じ世界に生きているという実感に包まれて、生きものと対面しているのです。この時は「自然」は見えません。ところが、少し離れると、風景が見えてきます。しかし、風景の中の生きものにまなざしを向けているときは、まだ「自然」は見えません。

内からのまなざし（天地が見える）

外からのまなざし（自然が見える）

図1　二つの見方（イラスト＝小林敏也）

自然を見るためには、自然の外に出ないといけないのです。これを地球に例えてみるといいでしょう。私たちには地球は見えません。自分のまわりの地球の構成員が見えるだけです。ところが人工衛星に乗って、地球の外、大気圏外に出ると、丸い地球が見えるのです。

地球ならロケットに乗るか、そのロケットから撮った映像を見ればいいでしょう。しかし「自然」を見るために、自然の外に出るためにはどうすればいいのでしょうか。じつはこれは「自然」という言葉に秘密があるのです。

このことは第3章でくわしく説明しますが、じつは「自然」という言葉を使った途端に、自然の外に出ることができるのです。自然を突き放して、自然の外から見ることができるのです。ちょっとわかりにくいかもしれませんが、こう考えたらいいでしょう。私たちは自然の中で、自然の一員として生きものにまなざしを注いでいるときには、自然を意識することはありません。自然を意識する時は、「自然」という言葉を使うときだけです。さて、「自然」という言葉を使うときとはどういうときでしょうか。

4 「自然」が好きだと言うとき

自然という言葉の不思議さ

よく「自然」という言葉を使うのは、「自然は好きですか」と問われるときです。それに対して「自然は好きです」と答えるときには、自然の一部の生きものや風景が好きだという場合と、そういう部分を含んだ自然そのものと言うか、自然全体（総体）が好きな場合の二つの答え方があります。なぜなら、自然にはまったく別の二つの見方（見え方）があるからです。

ひとつひとつの生きものや風景は目の前に見えますが、自然は見えません。頭のなかに現れるだけです。「ええっ、そんなことはない」と思っているあなたも、「それでは、今あなたに見えている自然はどういう自然ですか」と尋ねられて、具体的なイメージを浮かべると、ひとつひとつの生きものや風景になってしまうのです。

私は、これこそが自然の最大の不思議さであり、魅力だと思います。したがって「あなたはなぜ、自然が好きなのですか」と尋ねられたら、二つの答え方ができます。

まずは(1)「夏の青空が好きだから」というような具体的な答え方です。もう一つは(2)「自然の中にいると気持ちがいいから」などという答え方です。

そこで、(1)の答え方をした人に、「なぜ夏の青空が好きなのですか」と尋ねると、「気持ちがいいからです」と答えるかもしれません。(2)の答え方をした人に、「どういう自然が気持ちいいのですか」と尋ねると、「青空かな」と答えるかもしれません。

結局同じことなのです。同じものや現象を、二つの見方で自由自在に行ったり来たりしながら、(それを意識しないで)答えているのです。一方の見方はとても具体的で生き生きしています。これをこの本では「内からのまなざし」と呼びます。私たちの感情や気持ちを表現する時のやり方です。後者は抽象的で、ちょっと考えて答える概念的なものです。これを「外からのまなざし」と名づけることにします。この代表が科学的な説明です。

こうも言えます。生きものだって、内からのまなざしで見ると、嫌いな生きものもいるのに、「自然」という外からのまなざしでは、「自然は好きだ」と答えるのはどうしてでしょう。「自然」という言葉を使うと、変わるのです。見ている世界が変わるのです。これはとても面白いことですが、第3章を先取りして少しだけ説明すると、この「自然」という言葉は、じつは明治時代に西洋から輸入した言葉だからなのです。

「自然は自然だからいい」と言うときの、自然の使い分けが面白いと思いませんか。前の自然は、英語のネイチャー（nature）の翻訳語で外からのまなざしです。後の自然は伝来の日本語で、内からのまなざしです。

本能だから、その理由を考えないのか？

そこで「なぜ自然が好きかと言うと、たとえば夏の青空を見ていると、とても気持ちがよくなるからです」と答えた人に、さらに「なぜ気持ちがいいんですか」と、しつこく突っ込むと「気持ちいいものは気持ちいいのであって、理由なんて考えないよ」と答えるしかありません。そこで「自分でもよくわからないのだから、本能ではないかな」という答えも出てきます。少し科学的に言うなら「遺伝子に組み込まれている」「そのように進化してきたんだ」という表現もよく耳にします。でもこれじゃ、はぐらかされたような気になります。

「なぜ、赤とんぼが好きなの」と質問されて、「遺伝子に組み込まれているから」と答えるのに似ています。西洋人は、とんぼを嫌がる人も多いそうです。英語ではとんぼのことをdragonfly（ドラゴンフライ・飛ぶ竜）と言うぐらいですから、怖がる気持ちが名前に顕（あらわ）れています。まさか西洋人には赤とんぼが好きになる遺伝子が欠けているわけではないでしょう。ひょっとすると将来、自然にひかれるようになる遺伝子は見つかる可能性もありますが、赤とんぼにひかれる遺伝子が見つかることはないでしょう。なぜなら、赤とんぼにひかれるのは、内からのまなざしであり、一人一人で内容が異なります。一方の自然にひかれるのは、外からのまなざしで多くの人の共通の見方になっています。

現生人類（ホモ・サピエンス）はもう二〇万年前から、自然とつきあって、自然のめぐみをもらって生きてきました。自然のことに敏感になってしまったのは、当然でしょう。そういう感性を「本能」と言うよりも「文化」だとするようになったからこそ、人間同士のコミュニケーションが豊かになり、内からのまなざしが刺激され、様々な言葉や芸術が生まれてきたのです。

なぜ赤とんぼが好きか

日本人には赤とんぼが好きな人が多いようです。『日本書紀』や『古事記』では天皇が赤とんぼを誉（ほ）める場面が出てきます。

『日本書紀』では、神武天皇が奈良の山に登り、国の様子を見て、「ああ、なんと美しい国を得たものよ。まるで蜻蛉（赤とんぼ）が交尾している形に似ている」と言われた。これによって初めてこの国を「秋津洲」と呼ぶようになった、と書かれています。

『古事記』では、雄略天皇が吉野で狩りをしていた時、虻が腕を刺した。すると蜻蛉がきて、その虻を喰って飛び去った。それ以来、この倭の国を「蜻蛉島」と呼ぶようになった、とあります。

「赤とんぼの国」という名前をつけた理由は、この時代になると田んぼが増えて、赤とんぼがいっぱい飛ぶようになったからにちがいありません。天皇までもが、赤とんぼが好きだったようです。


現代でも年配の百姓なら、ほとんどが「赤とんぼが好きだ」と答えます。しかし、なぜ好きなのか、その理由を問うと、すぐには答えが出てきませんが、次第に思い出して答えてくれます。（　）内は、それを外から客観的に分析した説明です。

①私が田んぼに入ると赤とんぼが集まってくるんだ。まるで自分を慕って寄って来るような気がして、可愛いと思うからかな。（ほんとうは、百姓が田んぼに入ると、稲に着いていた虫が跳びはねるので、赤とんぼは餌をめざとく見つけて、百姓のそばに来るのです。）

②夕日に群れ飛ぶ赤とんぼの羽がきらきら輝いているのを見ていると、この世の風景とは

思えないぐらいの荘厳さだと感じるな。（ほんとうは、夕方になると赤とんぼの餌の揺蚊が蚊柱をつくるので、食べるために寄って来て、群舞するのです。）

③赤とんぼは八月のお盆の前になると、急に増えてくる。あれは先祖の霊を乗せてやって来て、盆が終わると先祖の霊を乗せて帰っていくとんぼだ、という言い伝えがあるぐらいだから、ずっと昔から大事にされてきたんだ。（ほんとうは、田植えした直後の田んぼで産卵され、それがヤゴになって、四五日ぐらい経って一斉に羽化してくる時期がたまたま盆前にあたっているのです。）

④小さい頃から「夕焼け小焼けの赤とんぼ、負われてみたのはいつの日か」という子守歌（三木露風作詞、山田耕筰作曲）をよく歌っていたからかもしれない。（この歌は昭和二年に曲がつけられ、よく歌われるようになったのは、戦後です。）

科学的な外からのまなざしによる答えをまとめると次のようになります。

⑤日本で毎年生まれている赤とんぼの総数は多い年には二〇〇億匹ぐらいになっていました。国民一人あたり約二〇〇匹ほども分配できるほどの数です。これほど大発生して目立つ虫は他にはありません。日本の夏空、秋空を彩る自然の風物詩の代表となるのも当然のことです。

⑥日本に田んぼ（水田）がなかった縄文時代には、赤とんぼはあまりいませんでした。赤とんぼは、水の流れがなく、浅く、温かく、しかもヤゴの餌となるプランクトンがいっぱいいて、天敵の魚が少ない田んぼで99％が生まれています。昔の日本人のほとんどは百姓でしたから、無意識に田んぼや稲作と切り離せない生きものとして認識していたのではないでしょうか。神戸市の桜ヶ丘遺跡から出土して国宝になっている銅鐸（どうたく）には赤とんぼをはじめとして、田んぼの生きものばかりが描かれているのもそれを裏付けています。

どうですか。外からのまなざしの方〔①～④の（　）内〕と⑤⑥が、わかりやすく、くわしい説明になっていると思いませんか。しかし、体験に基づいた内からのまなざしの方が、話が生き生きとしていて、心から納得できそうな気持ちになります。

5　私たちは自然を「無意識」に見ている

赤とんぼとのさまざまなつきあいが、体験として私たちの身体の中に蓄積され、知らず知らずに赤とんぼが好きになったのです。何かを好きになるということは、このように知らず知らずに、無意識に、いつのまにか好きになっていることが多いものです。

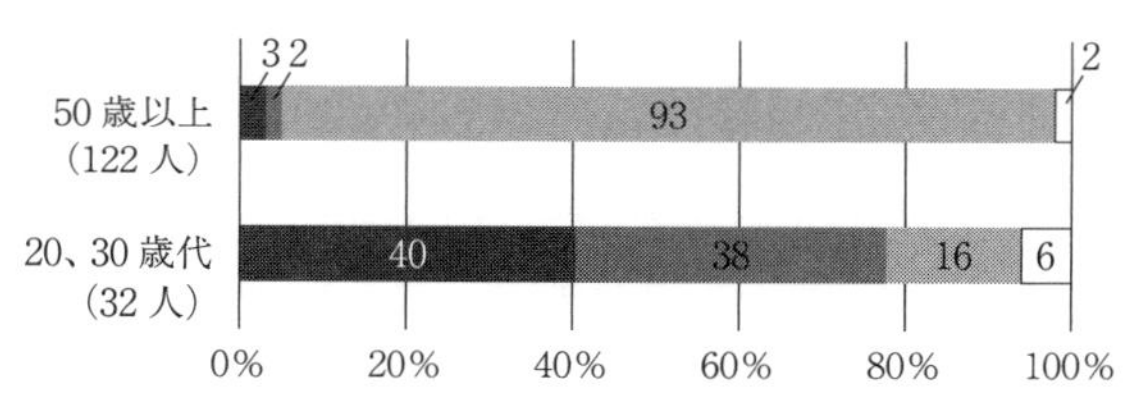

■仕方がない。分解されて、良質の有機質肥料になればいい。
■惜しい。蛙になるまで育てば、天敵として役立ったのに。
■ごめん。水を切らして、悪かった。
□無回答

図2　お玉杓子が死んだことに対する百姓の感想

無意識に好きになると言うと、それこそ本能だという証拠ではないかと思う人もいるでしょうがそうでもありません。数年前に私がびっくりしたことを紹介しましょう。

お玉杓子（オタマジャクシ）の死

うっかり一枚の田んぼだけ水が行き届かずに、干上がってしまったことがありました。田植えしてまだ二〇日ぐらいしか経っていなかったので、お玉杓子は全部死んでしまいました。私は、「ごめんよ。悪かった」とお玉杓子の死骸に謝りました。そこで、友人の百姓にこのことを話すと、「私もそういう体験があるし、その時もそう感じた」と言うので、他の百姓にもアンケートをとってみたのです。「うっかり田んぼの水が干上がって、お玉杓子が死んでしまったらどう思いますか」と尋ね、答えはわざと三択にしてみました。その答えが図2です。予想していたとおり、五〇歳以上の百姓のほとんどが「ごめん、悪かった」と答えました。そこで私は「それでは、あなたたちはお玉杓子のためにも田んぼに水を溜めていたのですか」と尋ねると、全員が「そういうつもりはまったくない。田んぼに水を溜めるのは、稲がよく育つことと、草を抑えることを目的にしているのだ」と否定します。「それならなぜお玉杓子に謝るのですか。可哀そう、ぐらいの気持ちで済ませばいいじゃないですか」と重ねて問うと、「そういうわけにはいかない」と反発します。

お玉杓子のために水を溜めていたのではないのに、死ぬと、責任を感じるのは、生きものの命を大切にしたいという気持ちがあるからでしょう。そしてその気持ちは、田んぼの水を切らさないようにする目的の一つとは自覚していなくても、無意識に「お玉杓子のためにも水を溜める」気持ちになっていたのです。

そこで、同じ質問に対する若い百姓の回答をみてください。私はこの回答にもびっくり仰天したのです。半ば冗談で「仕方がない。分解されて、良質の有機質肥料になればいい」と「惜しい。蛙になるまで育てば、天敵として役立ったのに」という項目を付け加えていたのに、まさかこちらを選ぶ青年たちが多いとは想像もしていませんでした。その場で「真面目（まじめ）に答えているのか」と詰問したのですが、全員正直に答えていました。これは百姓経験の差でしょう。若い百姓は田んぼに通って、お玉杓子と顔を合わせる経験が私たち年配の百姓に比べると圧倒的に少ないからです。さらに現代では、かつてのように朝昼晩と田んぼに通うような情愛は、効率が悪いと批判される風潮ですから、田んぼに通い、生きものと目を合わせる仕事の時間は激減しています。

私たち人間は生きていくために、自然をしっかり見るように進化してきたのかも知れません。しかし、お玉杓子に何十年も内からのまなざしを注ぎ続けた百姓には、生きものへの情愛が身体の底に蓄積してきたのです。若い百姓と比較すると、この生きものを殺すまいとする情愛は、百姓の経験に左右されてしまうことがよくわかります。

私はその後、お玉杓子を全滅させた田んぼに入ったときの感覚をよく覚えています。ほんとうにさびしいと感じました。それまでは田んぼに入ると、いつも足下で泳ぎ回っていたお玉杓子が、その田んぼでは一匹もいないのですから。「ああ、いつも一緒にこの田んぼで過ごしていたんだなあ」と感じたのでした。

無意識のまなざし

道を歩きながら、ふと小さな花に目がとまります。それは偶然ではありません。つい自分の無意識が目をとめさせた、と考えてもいいのです。したがって、野の花が好きな人はしょっちゅう目がとまります。そうでない人は、ただ通り過ぎていきます。しかし、そういう人でもたまには目がとまることがあるのです。なぜなら、これまでの人生で、草花と無縁に過ごしてきたはずはないからです。もちろん無意識の世界ですから、たぶん忘れているでしょうが、花を摘んだり、花に見とれたことが過去にはあったはずです。

みなさんも生きものを、意識的ではなく無意識に見ている時間の方が圧倒的に多いのではないでしょうか。それはそれまでの自分の人生で積み重ねてきたまなざしが、背後で働いているからです。生きものの名前をよく知っている人は、それだけ何回も出会いを重ねてきた証拠です。

そしてよく生きものに目が向く場所と、そうでない場所があるということにも気づきます。いつも生きものを見てきたのは、身の回りの「いい自然」の中でのことです。私たちは無意識に自然（らしいところ）をさがして、そこに目を向けているのです。このように意識的に自然を見ている時には気づかない世界があります。自然が見えている時には、このような無意識の経験、体験の蓄積が働くのです。

第2章　生きものへのまなざし

みなさんはふと、生きものに目を向けたり、生きものに目をひきつけられたりしますが、なぜ生きものにはそういう魅力や引力があるのでしょうか。その理由を考えてみましょう。

1　生きものにまなざしを向けることで何をつかんでいるのか

百姓ほど、普段から生きものにまなざしを注ぎ、同時にまなざしを引き寄せられる仕事はないでしょう。そのまなざしはほとんど百姓仕事と結びついています。なぜなら仕事の相手は生きものだからです。

花見の行事の起こり

まず、春の野辺から話を始めましょう。日本人はなぜ、桜が好きなのでしょうか。百姓にとっては、桜と種浸け花は、実にいい名前だと感じます。桜とは「サ（稲の神さま）」と「クラ（坐・座る場所）」に分けられます。「サ・クラ」とは、稲の神さまが座る場所、という意味になります。現代の日本でよく目にする「染井吉野」は、江戸時代末期に江戸の駒込染井村で品種改良された桜の品種ですから、それまでは山桜が桜の代表でした。ずいぶん昔のことですが、百姓は山に桜が咲くと、稲の神さまの到来だと感じ、その枝を切ってきて、田んぼに立て、神さまを迎える祭りをしたのだそうです。これが「花見」の起源だと言われています。

私の村の里山は、樫や椎の常緑樹の森ですが、山桜があちこちに咲き出すと、心が騒ぎます。百姓仕事が忙しくなるからです。かつての里山は二〇、三〇年ごとに伐採し、炭や薪の原料にしたものですが、桜の木だけは伐らなかったそうです。現在の里山はもう五〇年間も伐られないままですから、里山の常緑樹の森に入ると、山桜の花は下からは見えません。大木となり、他の木々の上に枝を広げて咲いているのです。わずかに落ちている花びらに気づいて見上げると、常緑樹の葉の間にわずかに垣間見えるだけです。山桜は森の外から見るものになりました。

それにしても現代では「花見」は、稲の神さまを迎える行事とは関係なく、いよいよ盛大に行われています。これほど全国中に桜を植樹して、花見の場所をつくるのはどうしてでしょうか。たぶん「春」を実感し、ことさらに味わうために桜が選ばれているのです。そして季節がくり返すことに安心・安堵したいのです。毎年毎年、自分は変わっていくのに、必ず春はやって来て、桜の花は変わらずに咲く、という感じなのです。今年も変わらずに咲く（訪れる）というところが重要です。今年も咲くからこそ、安心し安堵し、花見を楽しめるのです。

もちろん桜の花が「きれい」だという感覚が表には出てきますが、身体の底では、桜の花にめぐりくる季節つまり自然を感じているのです。

種浸け花（タネツケバナ）の意味

桜と並んで百姓に春を告げるのが種浸け花です。白い目立たない花ですが、田んぼの畦で春を告げてくれます。それにしてもなぜ百姓は、この花を選んで「種浸け花」と名づけたのでしょうか。稲の種籾（たねもみ）を水に浸ける頃に咲く花は他にもあるのに、なぜこの花が咲くのを見て、種を水に浸けたのでしょうか。昔は、春になると冷たい川や池の水に種籾を半月ほど浸けて、発芽してくるのを待って、苗代に種まきをしていたのです。現在では桶（おけ）やタンクに浸けて、毎日水を替えて発芽を待ちます。

実際には、種浸け花の開花には幅があり、じつは一月から咲き始めているものもあります。百姓は決してこの花の開花を合図にして種を水に浸けていたのではなく「農事の暦」に従って、種を浸けていたのです。しかし、いつも川に種を浸けに行くときに、この花と出会った百姓が「種浸け花」と名づけたのでしょう。このように花は季節を反映して咲きますが、そう感じるのは人間です。さらにそれを百姓仕事と結びつけてしまう百姓の気持ちを、この種浸け花は教えてくれます。百姓にとってはとてもいい名前だと感じます。これをタネツケバナとカタカナで記載すると、単なる記号になり、こういう感覚が伝わらなくなります。百姓は季節を花の開花で感じ、そして花の名前でさらに深めるようになったのです。

生きものは雪景色の中にもいます。北国の百姓から聞いた話です。春になって山の雪が溶け始めると、馬が現れるのだそうです。残雪の形が馬（駒）になったら、「そろそろ苗代の準備をしなければならない」と実感するのだそうです。そう言えば北国には「駒が岳」という名前の山が多いのも納得できます。雪解けの頃の山の雪に見とれるからこそ、こういう名前も浮かんだのですね。残雪も春を告げるときに生きものになるというわけです。

春の畦はまるで花壇

春の畦はまるで花壇です。いやどんな花壇も敵(かな)わないほど、花が咲き乱れます。でもこの花壇のことはあまり世に知られていません。私は草刈りしたくない、と思います。でも心を鬼にして刈らないといけないのです。その理由は後回しにして、春の野の花では、黄色の花が目立ちます。その理由は黄色の花は群落で咲きほこるからです。雄蛇苺(オヘビイチゴ)や蛇苺(ヘビイチゴ)、大地縛り(オオジシバリ)、小鬼田平子(コオニタビラコ)、背丈が高い狐の牡丹(キツネノボタン)や馬の足形(ウマノアシガタ)、鬼田平子(オニタビラコ)などです。それにしても黄色の花が多いのはどうしてでしょうか。

黄色の花に混ざっても目立つのは、紫のあざみやきらん草、烏の豌豆(カラスノエンドウ)などで、艶(あで)やかな色に胸が高鳴りますが、黄色の花のように太陽の光を反射しないので迫力がありません。さすがに紅色の蓮華(レンゲ)は田んぼ一面に咲きますが、もともと田んぼの土を肥やすために種を播(ま)いたものなので、自然ではない感じがして百姓としては気持ちが高ぶりません。白い花はなずなやオランダ耳菜草(ミミナグサ)、はこべなどですが、花びらが小さいので地味で目立ちません。それでも目を近づけると形がとてもきれいで、心が静かになります。

春の花の賑わいは花だけではありません。花に集まってくる蜜蜂や虻(アブ)や蝶(チョウ)などの虫たちが目につきます。それにしてもせわしく花から花へと移っていくのを見ているとこちらも落ち着きません。春だからですね。

こんなにきれいな花園のような畦道も、草が伸びると通りにくくなります。そこで五月になるとすぐに畦草刈りをします。苗代の代掻きや種まき、そして田んぼを起こす仕事が始まるからです。畦道の見通しをよくしないと、仕事がしにくいからです。

これらの草花は(蓮華以外は)百姓が植えたものではありません。かといって自然に生えているわけでもありません。稲作をやめて荒れた田んぼがどこの村でも目立ちます。全国の「耕作放棄地」の面積を合計すると、42万ヘクタール(二〇一五年)です。新潟県の水田面積が15万ヘクタールですから、どれほど農地が荒れ果てているかがわかるでしょう。今のような政策が続く限りこれはどうにもならないでしょう(ヨーロッパでは荒れ果てた畑がほとんどありません)。

私の田んぼの畦では、約二〇〇種の草花が目につきます。ところが、村の中の耕作をやめた田んぼの畦を調べたら、六〇種余りでした。二〇年間でこれだけの草花が減ったのは、畦草刈りをしなかったので、強い草ばかりが残ったからです。百姓仕事がなされなくなった田んぼでは、生きものも減ってしまうのです。そして百姓が通わなくなってしまった田畑では、生きものが減ってしまったことすらもわからなくなります。

草刈りの結果

畦の草は草刈りした方が草の種類が増えるということを知っていましたか。これは百姓仕事が必ずしも「自然破壊」ではない証拠にもなります。適切な百姓仕事は、生きものにはいいことなのです。私は毎年六回の畦草刈りをします。草を刈ると、背丈の高い草が切られてダメージを受け、それまで日陰になっていた低い草に日が当たるようになり、しばらくは低い草の勢いがよくなります。しかし、また強い草が勢いを取り戻して伸びてくると、低い草は日陰になります。でもまた私が草刈りをすると、同じことがくり返されます。生態学ではこれを「中程度攪乱説」と呼びます。自然は放置するのではなく、適度な攪乱（適度なダメージ、ここでは草刈り）がある方が色々な生きものがいつも一緒に生きられるという法則のようなものです。

しかし、私たち百姓は草花の種類を増やすために草刈りをしているのではありません。草刈りは畦を歩きやすくするためで、しかも田んぼとの境をはっきりさせ、田んぼの風通しをよくするためです。もっとも昔、牛や馬や兎を飼っていた頃は、草は貴重な餌になっていましたから、牛や馬や兎のために刈っていたのです。それなのに、草刈りは草のためにもなっていたのですね。このことはとても面白く、大切です。百姓は自然を守ろうとして仕事をしているわけではないのに、結果的に自然を守ってしまうのです。これはどうしてでしょうか。「中程度撹乱説」は科学的な、外からのまなざしです。この学説では、この百姓仕事（人間の営み）に含まれている精神的な不思議さを説明することはできません。

仕事の奥深さ

あるときに、百姓の友だちが話しかけてきました。「これまで、いつも畦の草花をきれいだなって思ってきたけど、そのことを妻や子どもに話すことができなかった。なぜなら農業とは関係ないことだと考えていたからなんだ。ところが私が畦草刈りをするから、この花もきれいに咲くんだと気づいてからは、胸を張って話せるようになったよ」と。

私は、深く頷（うなず）きました。百姓はたまたま結果的にそうなっていることは、なかなか他人（ひと）には話せません。でもそこにこそ、百姓にとっては愛（いと）おしい自然がほほえんでいるのです。もう一つ例を挙げましょう。これも田んぼの畦の話です。畦を見れば、その田んぼの百姓がどれくらい田んぼに通って来ているかすぐにわかります。毎日のように田んぼの見回り（田まわりと言います）に来ている畦には、中央にひとすじの草丈の低い道ができています。百姓の足跡がつく部分は、草の背丈が短くなり、草の種類も違ってくるのです。つまり踏まれても平気な大葉子（オオバコ）や雄日芝（オヒシバ）や力芝（チカラシバ）などが敷き詰めたように生えます。

それだけではありません。百姓が歩く部分の下は土が固くなり水を通さなくなります。そのために、そのひとすじの道の田んぼ側（内側）には湿り気の好きな畦莕（アゼムシロ）や高三郎（タカサブロウ）などが生え、外側（下の田んぼ側）には乾いた土が好きな菫（スミレ）やあざみなどが生えます。よく見ると、まるで草花が三列に整列して並んで生えているように見えるのです。これも草刈りと同じように、畦の草花の種類を増やしている原因です。ただ田んぼの畦を歩くだけなのに、外側からのまなざしでは「生物多様性が守られている」と言ってもいいでしょう。百姓は「いろんな草花が生えている」と言うだけです。

自動車工場では、自動車以外のものは生産しません。ところが、田畑では、農作物以外のものもたくさん「できる」のです。農業は人間の思うとおりにはなりません。なぜなら、自然が生産しているからです。自然は百姓が目的としていないものまで生産してしまうのです。これは農業の不思議さでもあるのです。

なぜ彼岸花（ヒガンバナ）を植えたのか

秋を彩る花に話を移しましょう。彼岸花（曼珠沙華（マンジュシャゲ））は必ず毎年秋の彼岸会の頃（秋分の日の前後七日間）に咲くから、ぴったりの名前ですね。彼岸花は、畦でもいつも百姓が歩く部分ではなく、田んぼとは反対側によけて一列に咲いています。百姓が邪魔にならないように植えたからです。でもなぜ、こんなに全国各地どこに行っても（北海道にはほとんどありませんが）田んぼの畦に彼岸花が植えられているのでしょうか。彼岸花は中国の揚子江（ようすこう）中流域が原産地で、縄文時代晩期に植えられるようになりました。稲のジャポニカ種の原産地もこのあたりだと言われています。たぶん稲の種籾と一緒に彼岸花の塊茎も渡来人が持って来たのではないでしょうか。

彼岸花を畦に植えたのは、飢饉（ききん）の時に備えて、という説とモグラ除（よ）け、という説が有力です。彼岸花の塊茎には毒があります。そこで私たちは塊茎を潰して、水に三日さらして毒を水に溶かして流しました。後には真っ白な粉が残りました。それをコロッケにして食べたのです。独特の味がするのかと思っていたのですが、まったく味も香りもありませんでした。たしかに食料として利用するために、受け入れたという見方は納得できました。しかし飢饉の時に食べたという記録はあまりありません。また彼岸花が咲いている畦でも、モグラは結構活発に活動しています。

縄文人はあの真っ赤な派手な花に驚いたことでしょう。彼岸花には種ができません（三倍体だからです）。塊茎を植えなければ殖やすことはできません。ところが、彼岸花は『万葉集』などの古い書物にもまったく出てきません。

やがて、いつの頃からか田んぼの畦に植えられるようになりました。たぶん「きれい」だと感じたからこそ、植えるようになっていったのではないでしょうか。そうでなければ、日本全国にこのように植えられるはずはないでしょう。さらにそれに輪をかけたのが「彼岸花」という名前です。もちろんこれは仏教が伝来して「彼岸会（ひがんえ）」という行事が行き渡った後の命名だと思われます。しかし「暑さ、寒さも彼岸まで」ということわざが全国各地にあるように、「秋分の日」の頃に決まって花を咲かせるこの花に、百姓が特別な感情を抱くのはよくわかります。春の桜と並んで、季節を感じさせる自然の代表です。

また彼岸花は「はみずはなみず」と呼ばれていて、花の時期には葉（有毒）が出ていないので「葉見ず」で、葉の時期には花は咲かないので「花見ず」と言うのです。冬の畦でひときわ深い緑で目立つ彼岸花の葉に、寒さに負けない深い生命力を感じないわけにはいきません。この力強さも好まれた理由かもしれません。

2　生きものと目が合うときに感じるもの

田んぼの生きものの全種リスト

あるとき子どもたちと田んぼの生きもの調査をやっていたら、「いったい全体、田んぼにはどれくらいの生きものがいるの」と尋ねられて、答えることができませんでした。これは私だけではありません。日本の（世界でも）どんな学者に聞いても、答えられないでしょう。そこで私たちの「農と自然の研究所」では、多くの人の力を集めて「田んぼの生きもの全種リスト」をつくりあげました。動物二七九一種、植物二二八〇種、原生生物など五九七種で、合計五六六八種になりました。世界でも初めてのリストが完成したのです。二〇〇九年のことです。そのうちの代表的なものを表1にしてみました（このリストは滋賀県立琵琶湖博物館に引き継がれ、改訂が進められています。この夏に公開予定ですが、種数も数百種増えそうです）。

「へぇー、田んぼの中にはこんなに蜂がいるの」「心配ないよ。刺したりする蜂は少なくて、ほとんど害虫の卵に寄生する寄生蜂だから」「蜘蛛も多いね」「うん、それだけ蜘蛛の餌になる虫が多いということかな」「鳥もこんなに住んでいるの」「いや餌を食べに来るだけの鳥も

動物	2791種				
昆虫	1726種	両生類	41種		
トンボ類	98種	イモリなど	12種	原生生物・藍藻など	597種
バッタ類	64種	カエル類	29種		
ウンカ・ヨコバイ類	87種	爬虫類	20種		
アブラ虫類	74種	カメ類	7種	植物	2280種
カメ虫類	90種	ヘビなど	13種	被子植物	1856種
ゲンゴロウ類	60種	魚類	143種	双子葉植物	1310種
ガ虫類	21種	貝類	73種	単子葉植物	546種
テントウ虫類	60種	甲殻類	155種	裸子植物	11種
羽虫類	74種	エビ類	12種	シダ植物	111種
象虫類	38種	カニ類	19種	コケ植物	97種
蜂類	176種	ミジンコ類	111種	ウイルス・細菌・糸状菌	205種
蚊類	27種	輪虫類	162種		
ユスリ蚊類	88種	線虫・ミミズ	91種		
アブ類	76種	線虫類	19種		
蠅類	54種	ミミズ類	34種		
蝶・蛾類	85種	鳥類	189種	合計	5668種
クモ	109種	哺乳類	50種		
ダニ	32種				

表1　日本の田んぼの生きもの全種リスト（抜粋）
（農と自然の研究所発表　2009年）

害虫 150種	益虫 300種	ただの虫 約1400種

図３　田んぼの虫たちの分類と世界認識
（農と自然の研究所　2009年）

入れているからね」などと、話は弾みます。

もちろんこれらの生きものは日本全国の田んぼと畦と水路とため池の生きものを調べ上げたものですから、一枚の田んぼにこれだけの種がいるわけではありません。このうち、わが家の田んぼとその周辺にいる生きものは、動物約二五〇種、植物約三五〇種ぐらいです。

この「全種リスト」は見事に外からのまなざしの典型でしょう。四二五頁(ページ)ものこの分厚いリスト本をめくっていくと、知っているものと知らないものに分かれていきます。自分の内からのまなざしの世界が確認できるのです。ちなみに私が確実に知っている（同定できる）のは、五六六八種のうち七〇〇種ぐらいでした。

ただの虫がなぜ多いか

「全種リスト」から、虫だけ（昆虫と蜘蛛とダニ）を抜き出して、分類したものが、図3です。「ただの虫」という分類を初めて見た人が多いでしょう。これまでの農業は、害虫や益虫（天敵）だけが研究されてきました。害虫は稲などの作物が育つのを妨げるので、いない方がいいと思われています。天敵は害虫を食べたり寄生したりするので大切であることはわかります。しかし、図でもわかるように田んぼには、害虫や益虫以外の「ただの虫」が圧倒的に多いのです。

みなさんは「ただの虫」がなぜ一番多いと思いますか。虫の専門家に尋ねると、「害虫は稲を食べているでしょう。天敵は害虫を食べているでしょう。ただの虫はそれ以外のものを食べています。つまり田んぼにはそれ以外のただの虫の餌が一番多いからです」と答えてくれます。

たしかにただの虫の中でも一番多い「跳び虫」は、枯れた稲の葉を食べていますから、秋になると稲の一株に二〇〇〜八〇〇匹ぐらいいます。「虫見板(むしみばん)」で見るとその多さに驚きます(虫見板とは私たちが発明したA4判の大きさの板で、これを稲株の根元にあてて、反対側から手のひらで稲を叩くと虫の半数ぐらいが落ちてきます)。たしかに、田んぼには藁(わら)や藁などが腐った有機物、それに草や微塵子(ミジンコ)や糸ミミズ、害虫などの死骸などがいっぱいあり、ただの虫の餌には事欠きません。しかし、これは外からのまなざし、つまり科学的な説明というものです。

ところが、田んぼに入って「生きもの調査」をやった子どもたちはまったく別の答え方をしました。「ただの虫がいないと、田んぼは自然でなくなる」という答えです。私はこちらの方がいい答えだと思いました。

ただの虫である源五郎（ゲンゴロウ）も太鼓打ち（タイコウチ）も子負い虫（コオイムシ）も蛍（ホタル）もバッタも蝶（チョウ）もいなかったら、田んぼはさびしいものです。害虫と益虫しかいない田んぼは、不自然で、自然ではありません。子どもたちは「害虫・益虫・ただの虫」という区別をしません。百姓だってかつてはそうでした。

ですから子どもたちは、よく目につく虫から先に名前を覚えていきます。よく目につく虫とは、まず名前を知っている虫です。次に、いっぱいいて、よく動く虫に目を向けます。また、小さな虫でも動くと気づきます。逆に大きな虫でも、じっとしていると見逃します。そのうちで、気に入った虫や怖い虫から、名前を覚えていきます。ようするにただの虫が一番多いのですから、子どもたちが一番よく知っている虫は「ただの虫」になるはずです。

ところで百姓だったら、農業生産に直接関係する害虫や益虫の方をよく知っていると思っていませんか。ところが百姓も「ただの虫」の方をよく知っているのです。害虫や益虫という区別を知る前の子どもの頃から、虫たちとつきあってきたからです。百姓でない大人も、一番知っているのは「ただの虫」です。

この「害虫」「益虫」という名前と区別は、明治時代末期になってから、農学者によって初めて村の中に持ち込まれたものです。江戸時代には「害虫」という言葉はありませんでした。「虫」と書かれているだけです。これらの区分の歴史は浅いのです。もっとも「ただの虫」という言葉も、一九八三年頃に私たちが新しく造った言葉ですから、さらに新しいものです。今では学術用語になっていますから、ぜひ使って下さい。

私たちが「田んぼの学校」を開いて、「生きもの調査」を教えているのは、じつは田んぼの仕事を手助ったり、田んぼで遊ぶことがなくなってしまった田舎や都会の子どもたちに、もう一度田んぼを体験させるためです。「ただの虫」たちと目を合わせる機会を提供するためです。

役に立たない生きものへのまなざし

ブロック塀やガードレールよりも、生きている動物や植物の方に目が向くのが人間の性質です。それは、生きものは食べものだったり、逆に危険なものだったりするからだと思っている人が多いでしょう。たしかに、そういう種類の生きものとのつきあいを小さい頃から教えられてきたからです。有用な動植物や、有害な動植物は覚えておかないと、まずいことになります。食べられるものと、食べられないどころか毒になるものは、習っておかなければ、野外で困ります。

しかし、「ただの虫」のような役に立たない生きものの名前の方をよく知っていることは、この理屈では説明できません。それはどうしてでしょうか。子どもたちと一緒に田んぼに入ると、害虫と益虫と「ただの虫」を分けたりすることはありません。役に立つとか立たないとか言うのは、大人だけです。これは成長するにつれて、社会的な価値を教えられていくからです。世界が小さくなってしまうのです。

それでも、子どもだった頃、つかまえて遊んだ経験は大人になっても残ります。「ただの虫」の名前を大人も子どもも一番よく知っていると指摘しましたが、これはたぶん一生変化しないでしょう。私たちはブロック塀を仲間とは思いませんが、生きものは何だか仲間のような気がするのです。それは生きているからだと思います。虫や草が生きていると思うのは、〝いのち〟を感じるからです。なぜなら、虫や草も生まれて死ぬからです。死んでいる虫を見ると可哀そうだと思います。花瓶の中で枯れている花を見るとつらい気持ちになります。これは、私たちと同じ〝いのち〟があると、感じるからです。

人間とまったく同じ〝生〟や〝いのち〟ではありませんが、共に持っている、授けられたものを持って生きているもの同士、生きもの同士だという感じがするからこそ、ことのほか生きものにまなざしが引きつけられるのではないでしょうか。

この生きもの同士だという実感は、生きものを見たり、採ったり、育てたり、殺したりするから育って来たのです。そして、生きものと話ができるようになります。ペットの犬や猫とは毎日話をしているでしょう。同じように人間は、虫や草とも話ができるようになれるのです。それどころか、生きものではない愛用のバットや服や茶碗(ちゃわん)などにも、声をかけたりしますよね。

生きものに見とれる

役にも立たないありふれた生きものや風景に見とれることは誰にでもあります。私は田んぼにいくと、稲の葉の上を渡る風によく見とれます。これほど複雑で一瞬に変化していく風景というものは他にありません。わが家の田んぼは棚田ですから、上の田んぼから見下ろすと、風の千変万化して動いていく姿が、稲の葉の模様として描かれます。「ああっ、風って、こんな形で吹いているんだ」と実感できるのです。こういう時には「風も生きものだ」と実感できます。

やがて、秋が到来する前に、稲の穂が出て来て、花が咲きます。小さな花ですが、雄蕊(おしべ)が伸びて先に黄色の葯が籾から飛び出てきます。私が田んぼに入ると、服が花粉で黄色に染まります。虫見板で見ると、じつに無数の花粉が小さな粉となって落ちます。これを指で集めると、小さな山になるほどです。

稲の花は蜜を出しませんが、蜜蜂がいっぱい集まってきます。脚には花粉の団子をつけています。そうです。食べるための花粉を集めにやってくるのです。これらの蜜蜂の動きにも見とれてしまいます。蜜蜂は田んぼの水も飲んで巣に帰っていきます。

しかし、田んぼの風を眺めたり、蜜蜂を見ていても、何の役にも立ちません。それにもかかわらず、しばらく見てしまうのはなぜでしょうか。

花にひかれるのはなぜ

花というものは目立つ色や形をしていて、香りを出すものです。なぜなら、虫を引きつけて、その動きで雄蕊の先から花粉を雌蕊に運んでもらい受粉を成功させるためです。しかし、なぜ花にとっては役に立たない人間まで引き寄せてしまうのでしょうか。むしろ私たちはきれいな花を見かけると、手折って家に持ち帰ることも少なくありません。こうなると花にとっては迷惑至極ではないでしょうか。

しかし、手折るぐらいのきれいな花なら、また来年も見たいから、その株や種は残そうとするでしょう。そうなのです。人間も草から利用されていると考えることもできます。みなさんはどう思いますか。

もちろん人間の気を引かない地味な花もいっぱいありますので、すべての花が、人間をあてにしていないことは明らかです。しかし私たちが「花」と呼んでいるのは、人間を引きつけるものだけです。その証拠に、蓬(ヨモギ)や野蒜(ノビル)や雌日芝(メヒシバ)の花を見たことがありますか。ちゃんと咲いているのに気づきません。牛蒡(ゴボウ)や人参(ニンジン)やキャベツや葱(ネギ)の花はどうですか。毎日食べているのに見たことがない人も多いでしょう。

まなざしが向けられないものは花ではないのです。名前を呼びたくなる花だから、名前も覚えたのでしょう。それにしても、花に目が惹(ひ)きつけられるのは、花から利用されているだけなのでしょうか。なぜ花を「きれい」と思うのでしょうか。

3　生きものの名前を呼ぶのはどうしてか

なぜ名前があるのか

みなさんはなぜ生きものの名前をおぼえたのですか。その名前は、どこで、誰に習ったのか、覚えていますか。珍しい生きものの名前なら、どこでどうして覚えたのか、思い出すこともあるでしょう。しかし、身近なありふれた生きものの名前はどうでしょうか。私は、源五郎(ゲンゴロウ)や目高(メダカ)や蟬(セミ)や燕(ツバメ)の名前を誰から教えてもらったのか、まったく覚えていません。たぶん小さい頃に家族や近所の人から習ったのでしょう。

では、家族や近所の人はなぜ子どもに教えるのでしょうか。

（1）子どもが「この生きものの名前は何と言うの」と尋ねるからです。では、なぜ子どもは名前を知りたがるのでしょうか。名前を呼ぶ（名づける）ことによって、その生きものと同じ世界に生きているということを実感できるからです。「またかぶと虫を捕りに行こう」と言うことによって、かぶと虫の姿とそれがいる森の世界が生き生きと目に浮かびます。仲間とかぶと虫と森とを共有できます。また、人にもその世界やかぶと虫捕りのことを伝えることができます。

（2）家族や近所の人も、子どもに名前を教えたいからです。自分もそうやって教えられてきて、よかったと思っているからです。名前を教えるということは、その生きものとのつきあいまで教えることになります。「かぶと虫は、あそこの森にいっぱいいるよ。くぬぎの木にね」というわけです。

ところが、幼い子どもから「ヘラクレスオオカブトって知ってる」と聞かれると、たじろぐしかありません。そういう虫が棲んでいる世界を私は知らないからです。もちろん子どもは絵本や図鑑で覚えたのです。名前を知っている分、これらの生きものが生きている熱帯雨林の世界については、私よりも「経験」が深いのです。しかし、その世界は身近な所にはありません。どういう生きものの名前を知っているか、はその人が関心を持っている世界を表現しているのです。

名前は二度名づける

私は、名前は二度名づけるものだと思っています。最初は初めて会った時です。もちろん名前はわかりません。そこで「何という名前なんだろう」と感じ、何か名前をつけて呼びたいと思ったらしめたものです。その姿を覚えておこうと思っているからです。じつはここで無意識に名づけているのです。その姿を覚えておこうとすることが、名づけることの始まりです。「白くて、小さくて、よく上下に動きながら飛んでいる蝶」と名づけているようなものです。

やがて、母親から「あれは紋白蝶（モンシロチョウ）だよ」と教えられたときに、二度目の名付けが行われるのです。このように自分の世界では、最初に出会った時から名前を知っていることはありません。そして名前を覚えたい、呼びたいと思う生きものの名前を選択して、覚えていくことによって、自分の世界が広がって、深くなっていくのです。

かつての百姓は生きものの名前を四〇〇種から六〇〇種ぐらい知っていました。しかも、よく知っているだけでなく、実際に名前を呼んで（使って）きました。それは図鑑で覚えた名前ではなく、「君は何という名前なんだ」と尋ねて、家族や近所の人たちから習ってきたものです。名前を知っているということは、その生きものへの情愛（場合によっては反発）が深いということです。同じ世界に生きているという実感があるということです。

ところが現在の福岡県の百姓へのアンケート調査では、生きものの名前を知っているのは平均すると一五〇種あまりです。今の年齢で言うと、九〇歳以上の百姓に比べると、生きものの名前を三分の一しか知らないのです。これはどうしてでしょうか。生きものと一緒に生きている世界が狭くなってしまったのです。もちろん昔に比べれば、活動範囲は広くなったでしょう。でも、生きものと目を合わせてつきあう時間が減ってしまったことが原因です。

五〇年前は田んぼで働く時間は、10アール（1000㎡・一〇人分の米がとれる広さ）当たり一一八時間でした。二〇一七年では二八時間です。もちろんそれだけ機械化され、効率化され、生産性が向上したのですが、生きものへまなざしを向ける時間も減ってしまったのです。これは農業にとって、よくないことだと私は思っています。第4章でくわしく考えますが、農業が自然を守るためには、これはとてもまずいことです。

草の名前を呼びながら草を刈る

若い頃は田んぼの畦草の名前なんてあまり知りませんでした。その頃の私の畦草刈りの気分は、「ああ暑い。早く刈ってしまおう」というようなものでした。やがて、草の名前を覚え始めたら、草がよく見えるようになってきたのです。「まだ秋なのにもう春の草のあざみが咲いているな」「蔓簿（ツルボ）は一年に三月と九月の二回も葉が出る変な草だ」「田んぼの入り口から、なかなか中の方に入って来られないのが小待宵草（コマツヨイグサ）だ」というようなつきあいができてくるのです。

こうなると、草刈りしていても、草たちと話をするようになるのです。「もう花が咲いたのか。早過ぎはしないか」「今度はあまり伸びていないから、君たちは刈らないよ」「今年もやっぱり会えたね」と、口には出しませんが、心の中で会話しながら、草刈りをするようになります。こうなると草刈りが苦にならなくなったのです。草刈りという仕事に没頭できるようになったのです。草刈りが楽しくなったのです。草刈りによって、自然の中に入っていけるようになったのです。

4 「稲の声が聞こえる」のか

古くさい教え

若い頃の私は、何人もの年寄りの百姓から「稲の声が聞こえるようにならないと一人前ではない」と教えられ、まったく理解できませんでした。科学的に考えれば、稲が声を出すはずがありません。これは非科学的で、無知な、古くさい教えだったのでしょうか。

百姓になって三年の夏のことです。夜中になって、急に土砂降りの大雨になり、家の横の小川の濁流の音で目が覚めました。「そうだ。田んぼの水口（みずくち）を閉めていなかった」と気づき、あわててレインコートを着て、田んぼに出かけようとしました。妻が「足を滑らせて、川に流されたらどうするのよ」と止めようとします。しかし、田んぼが、稲が呼んでいると感じたのです。たしかに非常事態の中では、異常に興奮していますから、そう感じるのであって、平常はそこまで稲の声に耳を傾けることはありません。

私にはまだ稲の声が聞こえるわけではありませんが、稲の気持ちがわかるような気がするのです。若い頃こういう心理を「非科学的だ」と思っていたのは、相手の作物から距離を置いて、冷静に、客観的に、科学的に観察する方が、稲のことはよくわかるという教育を受けていたからです。いくら「相手の気持ちになれ」と言われても、それは人間の関係の中だけのものと、思っていたからです。これが科学という外からのまなざしの影響でした。

ところがこれまで話してきたように、生きものにしっかりまなざしを向けるようになると、人間も同じ生きもの同士だという感覚が生まれてくるものです。そうすると、自然にまなざしが引き寄せられるような感覚になり、相手が何を訴えているのかが、少しずつわかって来るような気がするのです。科学的な分析も重要ですが、それよりも相手が何を伝えようとしているのか、相手の身になって感じることはもっと大切ではないでしょうか。これが内からのまなざしのすごさです。

相手の心がわかる

第1章で少し触れましたが、生きものに（場合によっては物に）生を感じて、会話しようとする習性は、本来人間に備わった能力だと言われています（「心の理論」）。これは「心理学」の数々の実験で確かめられていますが、べつに実験で確かめるまでもなく、私たち百姓は草や虫と普段に話をしています。

そもそも相手が苦しそうな表情を浮かべていたら、相手の苦しみを読み取るから、同情し、手助けをしようと思うのです。この力こそ、人間が身につけた能力の中でもすごいものではないでしょうか。だから人間の社会もできあがり、社会生活もうまくいくようになったのです。ところが、この能力は、人間以外の生きものにも簡単に適用できるのです。うっかり蛙を踏んづけたら、私は即座に「ごめん」と言います。蛙に人間の言葉がわかるはずはありませんが、私は蛙に向かって謝っているのです。これはどうしてでしょうか。

私たちは、生きものの心をつかもうとする習慣を身につけているのです。それは、自分の経験を引っ張り出してきて、当てはめることです。そうやって、私たちの先祖はまだ科学がない頃から、生きてきました。私のこのような語り方は「擬人法」と呼ばれています。生きものの気持ちを語る時には、私は人間の言語しか使えませんから、人間の言葉に置き換えて語るしかありません。これは、なかなかの知恵だったのではないでしょうか。

こういうこともありました。田植えの後しばらくは、稲の葉が繁っていないので、田んぼの水は直射日光をまともに浴びて、まるで風呂に入っているような熱さになります。沼蛙はこの熱さにも平気ですが、土蛙や雨蛙や殿様蛙のお玉杓子はそうはいきません。水面下の田んぼの中につけた私の足跡の底に集まっています。どうやら足跡の底の方が水温が低いことに気づいたようです。避暑地なのです。私はそれを見て、お玉杓子に「どうだ、足跡をちゃんとつけておいたオレは偉いだろう」と少し自慢したくなります。お玉杓子も喜んでいるような気がするのです。しかし、この気持ちを誰かに語るならば「擬人法」になります。このことは第6章でくわしく説明します。

しかし、自然とつきあううちに、このような経験というか感覚というか、生きものと会話できる能力が身につくようになるのです。こういう精神世界を抜きに自然は語れるはずがない、と私は思います。

5　対象が大切かまなざしが大切か

二つの田んぼがある

ここで、「思考実験」をしてみましょう。二つの田んぼがあるとします。

Aの田んぼは10アールに三〇〇種類の生きものがいますが、耕作している百姓はそのことに無関心です。

Bの田んぼでは生きものが一〇〇種しかいませんが、耕作している百姓はそのことを気にしています。

さて、どちらが豊かでいい田んぼでしょうか。

キリスト教などの世界を創造した神さまなら即座に「Aである」と断言するでしょう。神さまには種数を把握することは簡単だと思えるからです。しかし、この設問は人間に向けられているのですから、これでは答えになりません。私なら、「Bの田んぼがいいに決まっている」と答えます。ところが科学者は、「Aの方が生きものの種類が多いから、豊かでいい田んぼです」と答えます。それは、すでに自然を外側から、まるで神さまの視点で見ているからです。記載されている数値で判断するからです。

私はそれに対して次のように反論します。まず、生きものを見つめる百姓のまなざしがなければ、三〇〇種いるかどうか、誰にわかるというのでしょうか。「しかし、調査してくれている人がいるから、三〇〇種という数値が示されているのではないか」と食い下がってくるなら、「耕す百姓はそんな数値には無関心だと断っていますよね。百姓のまなざしに入らない生きものを評価して〝豊かでいい〟と、どうして言えるのですか」と切りかえします。

じつはここにこそ、科学の冷たさが際だっています。生きものの数を当事者とは関係なく、客観的に示すことが、いかにも生きものの世界の全容を表現する方法であるかのような押しつけがましさがあります。

誤解を恐れずに言えば、生きものが大切なのではなく、生きものへのまなざしが大切なのです。生きものが一〇〇種しかいないことを気にしている百姓は、田んぼの生きものの世界を豊かに内側からみるまなざしを持っています。Bの百姓は、生きものとの間の垣根が低い人間です。彼にとっては数値はたいした意味をもちません。「少ない」という実感が大切であって、他人が調べた数値はそれ以上のものではありません。彼はその一〇〇種の生きものを大切にしながら生きていくでしょう。

人間の謙虚さ、哀しみ、無力さの自覚が、人間を他の生きものに近づけます。生きもの同士だという認識に近づけます。

第3章　「自然」という言葉の不思議さ

「自然」という言葉は不思議な言葉です。たとえばみなさんは「自然石」と言われると、自然な感じの石という意味なのか、それとも人工の石じゃない、自然界から産出する石なのか、どちらだと思いますか。

「自然に任せる」と言うときも、「なるようになる」という意味なのか、「自然界の摂理に従う」という意味なのか、どちらでしょうか。

このように「自然」という言葉は二つの意味を持っていて、案外その区別がつかない言葉なのです。その理由をこれから明らかにします。

1 「自然」は二度輸入されたことを忘れている

「自然」の輸入

みなさんは「自然」という言葉をよく使いますね。「人工的でない自然な感じがいい」「人間は自然を破壊しすぎたので、これからは自然を大切にしたい」と言うときの「自然」は同じ意味ではありません。あらためて意味を説明するまでもないことですが、前者は「おのずからそうなっている、あるがままの、ひとりでに、生まれながらに、人為の加わらない」の意味で、「自然な感じ」「自然にできた」という使い方をします。後者は「いわゆる自然環境である山川草木、海や空、風や水などの人間や人工物以外の森羅万象」の意味で、「自然環境を守る」「自然が好きだ」などと使います。

どちらも日本語として、すっかり定着していますが、前者も後者も輸入された言葉です。漢字と漢語は中国から輸入されたものです。ところがその漢字を組み合わせて、あるいは当てはめて、日本で新しくつくった「漢字の言葉」もあります。「物語」「神社」「技術」「哲学」などは、日本で生まれた言葉です。

ところで、これまで考えてきた「自然」は漢字ですが、どちらでしょうか。両方なのです。「自然なまま」、と使うときの「自然」は、「漢字」と言うぐらいですから中国の「漢」の時代以降に日本へ渡来したものです。もう一つの「自然を保護する」と使うときの「自然」は、明治時代に日本でつくられた言葉です。しかも、「社会」「個人」「権利」「自由」「恋愛」「哲学」と同じように、英語を翻訳するときに造語された「翻訳語」です。ということは、どちらも外国からの輸入語なのです。

とくに「自然環境」の意味の「自然」が新しい翻訳語（輸入語）だと言っても、多くの日本人はなかなか信じようとはしません。「そんな馬鹿な。こんなに自然がいっぱいある国なのに、その自然を指す言葉がなかったなんて信じられない」という人が少なくありません。大昔からの日本語だと思っているのです。じつは、私もこのことを知ったのは三二歳の時に柳父章（やなぶあきら）さんの『翻訳語成立事情』を読んだときです。あの時の驚きは一生忘れないでしょう。

しかも、この翻訳語の「自然」が田舎の百姓の間で普通に使われるようになったのは、戦後のことです。また最初の中国から渡来した「自然」が広く使われることになったのは、平安時代の末期だと言われています。外国の言葉と考え方・感じ方の受け入れにかなりの時間がかかったのは、それなりの事情があったのです。それも含めて、この二つの「自然」の言葉の歴史をたどってみましょう。

2　二度目の輸入の衝撃

順序が逆になりますが、二度目の輸入（翻訳）から話を始めます。この輸入の影響が、現代の日本人の自然観に大きな変化をもたらしているからです。

何と翻訳したらよかったのか

江戸時代末期から明治時代後半まで、英語のネイチャー（nature）の翻訳語はなかなか定まりませんでした。「自然、天地、万物、造化、宇宙、天然」などという翻訳語が使われましたが、決め手に欠けました。やがて「自然」という言葉に落ち着いていくのは、明治三〇年代だと言われています。それにしても時間がかかったものです。明治期に翻訳語として新しく造語された「社会」「自由」「個人」「権利」「存在」「近代」「恋愛」「彼、彼女」「美」がすんなり普及していったのに比べると、とても手間取ったのです。それは、それまでの「自然」がすでにあり、しかも名詞ではなく、形容詞的、副詞的な使われ方をしていたからです。みなさんは「天地自然」という言葉を、「天と地と自然のこと」だと、すべて名詞だと受けとるでしょうね。ところが明治時代には「天地はおのずからなる」という意味だと受けとる人がほとんどだったのです。

しかし、次第に「自然」が翻訳語として使われることが多くなっていったのは、ナチュラル（natural）が文字通り「自然な」という意味だったからで、こちらは無理なく浸透していきました。それにしても不思議だと思いませんか。ナチュラルの方が日本語の伝来の「自然」に重なるのに、ネイチャーの方は全然重ならないということを。

この章では、あえて古くからの日本語の自然を「自然O」、新しい日本語の自然を「自然N」と表記します。混同しないためです（Oはold、Nはnewとnatureの略です）。

なぜネイチャーに相当する日本語はなかったのか

それにしても「自然N」はなぜ明治時代に新しくつくらねばならなかったのでしょうか。私も以前は、なぜ「天地」と訳さなかったのだろうか、と疑問に思いました。しかし「自然N」は人間を含みませんが、「天地」は人間も含むのです。ここがとても重要です。西洋に普及したキリスト教の教えでは、「神さまは人間を造り、そして人間のために自然を造った」のですから、自然と人間は最初から分かれています。ですから、人間はいつも自然を自然の外から見ることができるのです。

ところがそれまでの日本人は、いつも天地を内側から、内からのまなざしで見てきました。したがって天地の中のさまざまな生きものや現象はよく見えていたのです。したがって、生きものの名前はよく知っていましたし、天候や季節の変化についても豊かな知恵を蓄えてきました。

しかし、日本人は天地の外から天地を見ることはできなかったのです。天上の高天原(たかまがはら)の神々なら見ることができるのではないか、と思うかもしれませんが、高天原も天地の一部ですから、それは無理でしょう。この天地の中で、山川草木、お日様や雲や風、そして動物や土や水などと一緒に、天地の一員として生きて来た日本人にとって、神や人間や人工物以外を指す「自然N」と人間とを分けて見ることは難しかったのです。これは西洋人や「自然N」を身につけている現代の日本人にはなかなか理解できないでしょう。

ところが日本の歴史が始まって初めて、天地を外側からみる言葉「自然N」が、都会の知識人から次第に浸透していくのです。

日本人の天地観（すべてにカミが宿る）

西洋の中世以降の自然観（神が自然と人間を造った）

図４　日本と西洋の人間と自然の関係

（イラスト＝小林敏也）

初期の混乱

まったく新しい言葉で翻訳すればよかったのに、それまで一つの意味しかなかった「自然O」に、別の意味が加わったのですから、しばらくは（数十年は）混乱が続きました。いやその影響は現代にも及んでいます。それまで「自然にそうなる」という意味しか知らなかった人が、「自然環境」という意味で使う文章を見ても理解できないのではなく、「自然にそうなる」という意味で理解しようとして、誤読してしまうのです。まったくちがう二つの意味だから、混同したり、誤解するはずがないと思うかも知れませんが、そうではありません。

明治時代から大正時代に花開いた「自然主義」という文学運動があります。代表的な作家は田山花袋（たやまかたい）、島崎藤村（しまざきとうそん）などです。まあ、日常をありありと書いたものです。この自然主義はフランスのゾラが、自然科学者クロード・ベルナールの影響を受け、自然科学の方法にならって小説を書こうとしたことから影響を受けて始まりました。ところが花袋が「自然を自然のままに書く」と主張するときには「自然なものを自然に書く」と、それまでの伝統的な「自然O」の意味で理解（誤解）してしまったのです。これは無理もなかったでしょう。しかし、このことに当時の人たちは誰も気づかなかったのです。

現代の私たちだって、「川の中の魚は、とても美しく、しかも自然です」という文章の「自然」を、「自然な感じ」ととるか、それとも「自然の一部です」ととるかは、人によって異なるでしょう。

西洋の「自然」という言葉の変化

ところで、今日の科学界では別の「自然主義」が影響力を発揮しています。簡単に言うなら「自然現象だけでなく、心の状態も精神も脳が産み出す自然現象だと考えると、すべての現象は自然科学で解明し説明できるんだ」という主張です。こちらのナチュラリズム（naturalism）は正しく伝わっていると言うべきでしょうか。しかし、私たちはこのような、感情や精神まで「自然現象」だと言われると、ちがうんじゃないと思ってしまいます。

もし、この「自然主義」が正しいなら、人間の心も自然科学で解明できることになります。そうするとコンピューターに人間の感情や精神を組み込むことができ、人工知能（ＡＩ）は自然を味わうことができるようになります。つまり生きものと機械の区別がなくなるというのです。どうも私たちの理解している「自然」とは、相当にズレがあるような気がします。

そこで、西洋の「自然」という言葉の変遷をたどってみましょう。

「自然」という言葉をさかのぼると、紀元前五世紀のギリシャ語の「ピュシス」にたどり着きます。それがローマ帝国で紀元前一世紀にラテン語訳されて「ナツーラ」となり、それがやがて英語の「ネイチャー」となったのです。ギリシャ語の「ピュシス」は人間も神も含まれていました。ラテン語の「ナツーラ」には人間は含まれていましたが、神は含まれていませんでした。ところがローマ帝国がキリスト教を採用するようになると、キリスト教の「神が人間を造り、そして人間のために自然を造った」という教えで、「ナツーラ」は人間からも切り離されたのです。

そしてさらに一七世紀のガリレオやニュートンらによる「科学革命」によって、新しい「自然」の定義が生まれたのです。それはフランスのデカルトに代表される考え方で「自然は機械のようなもので、そのしくみを人間が解明し説明できる」というものです。これこそが自然科学を推し進める考え方になりました。デカルトは「人間は自然の主人にして所有者である」(『方法序説』)とも言っています。

現代の私たち日本人が「自然N」を突き放して、見たり分析したりする「対象」として扱うことができるのは、自分自身が「自然N」に含まれていないだけでなく、自然現象もやがて科学的に説明できるはずだ、という考え方が「自然N」には含まれているからです。

もっともこうした機械論的自然観に反発して、神・人間・自然を含んで捉えようとする、ゲーテやワーズワースのようなロマン主義も一八世紀から一九世紀にヨーロッパで登場しています（私は個人的にはこちらの方が好きです）。

ネイチャーのもう一つの意味

じつはネイチャーには、日本人が「自然N」に取り入れなかった意味が一つあります。それは「本性・本能・本質」という意味でした。でも、キリスト教の教えでは、神─人間─自然Nですから、人間の本性や本能は「自然N」ではなく、人間に含まれるような気がします。本能や本性ではなく「理性」は神が与えたので人間に含まれるのですが、本性や本能は神が与えた理性でコントロールできないナチュラルなものだから「自然」の方に含む、と考えられたのでしょう。

みなさんは「自然な振る舞いだ」と言われたら悪い気はしないでしょう。ところが西洋人は嫌がるそうです。「洗練されていない」「理性的ではない」というネイチャーのもう一つの意味にとられるからです（こういう感覚は、現代の日本人のほとんどの人には理解できないでしょう。私もよくわかりません）。

このようにネイチャーの翻訳語である日本語の「自然N」は、ネイチャーとぴったり重ならないどころか、かなりちがったものとして、受け入れられてきたのです。日本語の「天地」は、天も地も（神さまも）人間も、さまざまな生きものも含むもので、むしろギリシャ語の「ピュシス」に似ていると思いませんか。じつは日本語の「自然N」は現在でも、あるときはデカルト的なネイチャーとなり、あるときは「天地」になったりするのです。

このように「自然N」は揺れ動く言葉です。さらに、「自然O」もまた、時代とともに変化して来たことを追っていきましょう。なお中国でも、日本と同様にネイチャーに当たる「自然N」という言葉を持たなかったので、逆に明治時代に日本から逆輸入して使い始めました。これも面白い現象ですね。

3　最初の輸入も問題含みだった

二〇〇〇年前の輸入

二度目の輸入の時、「ネイチャー」に該当する日本語はありませんでした。ところが一回目に中国から漢字の「自然O」が輸入される時には、文字はなかったものの話し言葉としての日本語はちゃんとありました。当然漢字の「自然」に近い日本語として「おのずから」「ひとりでに」「生まれながらに」がそれ以前から使われていたのです。したがって僧侶や貴族や役人でもない限り、書くための漢字「自然」を使う必要性はありませんでした。

中国で漢字が使われ始めたのが、紀元前一三〇〇年です。日本では弥生時代が始まるのが紀元前九〇〇年頃ですから、それよりもずっと古いのです。その漢字が渡来した時期はよくわかりませんが、近年の発掘で紀元前後頃の国産の硯が見つかっていますから、この頃から文字（漢字）が書かれていたのでしょう。もっとも本格的な使用は、中国や朝鮮との交易が盛んになった四世紀の古墳時代だと考えられています。さらに五世紀になると仏教が伝来しますから、当然ながら漢字ばかりで書かれている仏典とともに、ほとんどの漢字が日本にもたらされました。もちろん漢字は、そのまま使われたわけではありません。

（1）本来の用法（中国での意味と同じ）で使う（例：山＝サン）

（2）日本独自に訓読して使う（例：山＝ヤマ）

（3）字音だけを借りて音を表記するのに使う（例：也麻＝ヤマ、波奈＝ハナ）

というように、日本的にかなり変えてしまっています。

ところで「自然」という漢字は、紀元前三〇〇年頃に出来上がっていますから、当然倭国や邪馬台国時代にはもたらされていたでしょうが、たぶん使うことはなかったでしょう。日本の書物に「自然」が初めて現れるのは、奈良時代の七二一年にできた『常陸国風土記』です。その「自然に貧しさを免れる」という文は前ページの、(2)の使い方で、「おのずから」と読んでいます。

次に『万葉集』にも一か所だけ「自然」が出てきますが、「自然なれる錦を張れる山かも」も「おのずから」と読んでいます。

やがて仏教が入ってくると、お経には「自然O」がかなり出てきますから、少しずつ使われるようになったようです。しかし、広く使われるようになるのは、平安時代の末期です。

中国語の自然

さて二回目の輸入の時も、新しい「自然N」はそれまでの古い「自然O」の影響を受けて、かなり原語とはずれて受けとめられましたが、一回目の輸入の時も、似たようなことが起きたのです。中国語の「自然O」は、老子や荘子などの「道家」と呼ばれる人たちが造語しました。老子や荘子が活躍した時代は、紀元前四世紀だと考えられています。弥生時代の中期です（最近では、書物『荘子』と『老子』はほぼ同じ時代にできたという説が有力です）。

中国の漢字「自然」の「自」はもともと鼻の形を表す象形文字で、自分を示すときに鼻を指したことから「自分」の意味になりました。この「自」は日本語で読むときに「みずから」と「おのずから」と二つの読み方があるので、日本で使う漢字の「自」にはどちらの意味も含まれています。

次に「然」は「そのようであること」「そのようになること」と状態を表す漢字です。老子や荘子は、なぜこの二つの漢字を組み合わせて「自然」という新しい言葉を造ったのでしょうか。そこで老子の有名な言葉を紹介しましょう。

「人は地に法り、地は天に法り、天は道に法り、道は自然に法る」（『老子』二五章）

日本語に直訳すると、「人は地のあり方を手本とし、地は天のあり方を手本とし、天は道のあり方を手本とし、道は自然であることを手本とする」と、なります。つまり「道」を説明するために造語したのです。ところが、私たち日本人は「道の根本的な在り方は、ただあるがままに、自然にそうなるように任せるのだ」という意味にとってしまいます。

そこで老子や荘子が「自然」に込めた意味をくわしく追ってみましょう。「自」とは「他」ではないことを意味します。そうすると「自」とは「他者の力を借りないで、それ自身に内在する働きによること」になります。したがって「自然」とは、「他者の力を借りないで、それ自身が持っている力によってそうなること、もしくはそうであること」ということになります。問題はこの場合の「他者」とは、人為や人工のことです。万物のうちにそなわっている自然の働きを大事にして人間は作為を加えないことを、「無為自然」と呼んでいます。

その後、中国では自然なあり方のモデルを「天地」に求め、「天地之自然」という言い方が増えていきます。天地こそが人為の加わらない自然なあり方の手本だという思想が広がっていきます。現代の言葉で言うなら、「自然は、自然のままであるときに、本来のあり方を現し、人間の生きる手本となる」という考え方です。

つまり中国語の「自然〇」には、「全体世界の道理」「全体の正しい関係」「あるべき正しい在り方」という意味が含まれているのですが、私たち日本人はそこまで考えることはありません。ただ無意識に影響されているのかもしれません。

おのずからなるものとしての自然の強調

この「自然〇」が日本語になったときに、「おのずからしからしむ」「おのずからなる」とも読まれ、「自然な」「自然に」「自然の」というように使われてきたのです。この言葉を使うときにむしろ「あるがまま」という感じでとらえることはあっても「本来のあるべき正しいあり方」として理解する日本人はいないでしょう。ここにはかなり大きな変化が生まれています。

どうやら、一回目の輸入でもたらされた中国語の「自然〇」と日本語の「自然〇」とは、ぴったり重ならないところがあるようです。つまり私たち日本人は、自然の本性・本質が「何であるか」を問わないのです。それは問いようがないものです。おのずからなるものだからです。

これを立川武蔵(たちかわむさし)さんはとてもわかりやすい比喩で表現しています。

「われわれ日本人は、道端に咲く一論のタンポポを見るとき、その一つの花に宇宙を見てしまう。その花が、世界の構造の中でどこに位置するか、などとは問わないのである。梅の花の香りがただよってきた時に、香りと花との関係はどのようなものであるかなどという問題に何十年、何百年をかけてきた歴史は、幸か不幸かわれわれ日本人の中にはない。しかしインド哲学はその問題に二〇〇〇年の時をかけてきた」(『日本仏教の思想』)

どうやら私たち日本人は、とくに自然とともに生きてきた百姓は、天地や農の「本質」を問う習慣・習性を持っていないのです。私たちの先祖は、天地もおのずからなるものとして見てきたのですが、それは誰が創(つく)ったのか、その本質は何か、そこに正しい在り方があるか、などと詮索することに意味を見いだすことはなかったのです。ただ自分自身も、おのずからなる生き方、あり方に、身を委(ゆだ)ねて生きてきたのです。このことは決して悪いことではありませんでした。

天地の一員としての人間は、受け身で、ただ天地のめぐみをもらって生きていくことで、幸せになることができます。ここにあるのは、ただひたすらの内からのまなざしだけです。

静かな深まり

日本語の「自然O」は、中国語の「自然O」の「本来のあるべきあり方」という意味を取り入れませんでした。「勝手にそうなる」「ひとりでにそうなる」「あるがままでいい」という気分が濃厚でした。ところが、この中国語の「自然O」を造語した老子や荘子たちの気持ちは別の形で、日本語の「自然O」に含まれてくるのです。それはまず仏教の経典を通じて、実現されます。そして二つめは百姓の仕事の中で現れてきます。

お経には釈迦(しゃか)が語ったことが漢字で書かれています。それはインドで書かれたお経を中国語に訳したからです。それを現代の日本でも、お坊さんは中国語の漢字の文を、まるで音楽のように抑揚をつけて(日本語の音で)読んでいます。

問題はインドから伝わったサンスクリット語のお経を、中国語に訳すときに生じました。原典にはない「自然」が中国語訳では使われているのだそうです。

この中国語訳のお経が日本に輸入され、お坊さんだけでなく、次第に信者に受け入れられていくのです。私たち人間は悩みが絶えません。仏教ではこの悩みを煩悩(ぼんのう)と呼んでいますが、この煩悩を断ち切って「悟り」に至る方法を教えてくれたのが釈迦です。この「悟り」こそ、無我の境地で、人間の自然なあり方だと言うのです。

自然法爾

どうも、自然を「自然なもの」と感じるのは、単にナチュラルというだけでなく、もっと深い意味を含んでいるようです。それは「仏教」の影響がしみこんでいるからです。鎌倉時代にもっとも庶民の心をつかんだ浄土真宗の開祖である親鸞(しんらん)の「自然法爾(じねんほうに)」という言葉に、この「自然〇」の意味が強く表れています。
「法爾」とは阿弥陀仏が衆生を救うという約束のことです。そしてここでの「自然〇」は自分の努力（自力）ではなく、阿弥陀仏という仏さまの力（他力）に一切を任せることで、阿弥陀仏のおのずからなる（自然な）働きによることを意味しています。したがって信じる者はおのずから（必ず）救われ、往生するのです。これは人為を捨てて一切を阿弥陀仏に任せるからこそ実現できるのです。

つまり、私たち凡人を救って、浄土へ連れて行く（往生する）というのは、この世の何ものにも妨げられない阿弥陀仏のはたらきが自然だからです。この「自然〇」の強い使い方は、あらゆるものを超越した仏のはたらきを表現するためです。私たちが使う、なるようになる、あるがままという使い方とは相当にちがい、強い意味が含まれています。

ここには老子や荘子の「無為自然」の影響があると思われます。なにしろ親鸞がよく読んでいた浄土教の元となったお経「大無量寿経」には、原典にはない「自然」という言葉が何十回も出てきます。たとえば「仏の道が自然であることを信じるなら、浄土はどこにでも広がっている」という箇所などがそうです。

こういう感覚は、べつに浄土真宗だけでなく、日本の仏教の多くが持ち合わせているような気がします。私たちが「自然〇」をよく使うのは、この言葉が好きなのです。それは自然な生き方をしたいという気持ちが日本人の伝統として引き継がれてきたからでしょう。自然な生き方は欲望（煩悩）が少なく、仏教で言う「悟り」に近いからです。釈迦が悩みを克服する道を見つけて、それを広めようとしてからもう二五〇〇年も経つのに、いかに人間が悩みから抜け出すことが難しいかがわかります。こうして「自然〇」は、たんなる自然な状態を示す言葉ではなく、人間のあり方の手本として、日本語に定着し、現在まで使われているのです。

百姓にとっての自然とは

「自然〇」が日本語として使われるようになるということは、この自然を「おのずから」と読む習慣が広がることでもあります。すでに述べた通り、漢字の「自」の読み方は「みずから」と「おのずから」の二通りがあります。中国人にはこのことが理解できないそうですから、これは日本的な読み方であり、解釈です。しかも「自然」という漢字が入ってくる前から日本人は「みずから」と「おのずから」を同じ意味で使っていたということになります。でも、この二つはかなり意味が違いますよね。

「みずから」は自分が手を下して何かをすることですが、「おのずから」は自分が手を下さなくても、そのことが自動的にできることです。なぜこの二つが一緒になるのでしょうか。稲を例にとって説明しましょう。稲は稲みずからの力で育っていきます。それを見ている百姓には自然に（おのずから）育っているように感じます。稲の立場（気持ち）になれば「自(みずか)ら」ですが、百姓からみれば「自(おのず)から」になります。このように百姓は相手の生きものの立場（気持ち）になるのが常です。

森三樹三郎さんは、この違いを「みずからは意識や努力を伴い、おのずからは意識や努力をともなわない。意識や努力の有無を考えないなら、両者の区別はなくなる」そして、日本人はこの区別ができるが、漢字の「自」には両者の区別がない、と言い切っています。

ここにこそ「自然〇」の奥深さがあります。百姓は天地の中で育つ生きものたちを見るたびに、その生きものたちが「みずから」の力で生み出すめぐみを、「おのずからなる」ものとしてありがたく受け取りいただいてきました。そして、その天地の中で一緒に生きている生きものたち（有情）は、悩みもなく「自然に」生きていると感じて、手本にしようとしてきたのです。さらに、天地や生きもの相手の百姓仕事に没頭している時に、我を忘れて、自然なままになることができると知ったのです。もちろん百姓はこのことを表現したり、自分で宗教にしたりすることはほとんどありませんでした。

日本人が、百姓でない人も「自然に生きたい」と思うようになったのは、仏教の影響だけでなく、ずーっと庶民の中の大多数であった百姓の感覚の影響もあると私は思います。「自然O」という言葉はこうして日本人の中に深く根を降ろしていったのです。

4 「天地」という言葉が衰えた理由

天地衰弱

明治時代の末になると、「天地は自然だ」というとらえ方は「自然は自然だ」という言い方に受け継がれました。それからは「自然N」を使う場面が、どんどん増えていきます。当初は「自然N」と「天地」を同じ意味で、両方とも使っていた日本人も、いつの間にか「天地」という言葉を使わなくなっていきました。

現代日本人はすっかり自然を対象化し、客観的に分析する自然科学の方法を身につけています。少なくとも学問の世界では、「科学的」でないと信用されなくなっています。データの偽造やねつ造は問題ですが、そもそもデータにならない、データ化しようとは思わない自然世界も厳然として、いつも身の回りに存在しています。そして案外、自然を見るときは従来の「天地」として見ている人が多いような気もするのです。

「人間も自然の一員だと思いますか？」という質問にほとんどの日本人が「そう思う。そう感じる」と答えるのは、未だに人間も含む「天地」を「自然N」と同じ意味だと捉えているのです（95ページでくわしく紹介します）。決して「自然N」はネイチャーと同じ意味ではなく、まだまだ人間をはじき飛ばさない「天地」の広さと深さを日本語は失っていないのです。ただ言葉としての「天地」はすっかり使われなくなってしまいました。

どちらの「自然」か、わからない日本人

だからこそ、先の質問「人間も自然の一員だと思いますか？」への回答は、天地と「自然N」を混同していると批判されても仕方がないでしょう。前述した明治時代の誤解、すれ違いを思い出しませんか。たとえば「天地自然」という漢字を見たときに、現代人は「天地という自然」という意味の名詞として理解しますが、明治時代の前半まではほとんどの日本人は「天地は自然である」という意味にしか受けとることはできませんでした。

現代でもこの融合は続いています。「自然遺産」とは、貴重で残す価値のある「自然N」のことを指していますが、日本人はそこには「自然なままの自然がある」というイメージを同時に思い浮かべます。「自然農法」と聞くと、「自然環境を大切にした自然な農業のやり方」という意味だと受けとめます。つまり「自然」という言葉を目にしただけで、口にしただけで「自然な自然」と受けとるのです。「自然N」は「自然O」と分離できなくなっているのです。

私がこの本で「天地自然」という言い方をするのは、「天地と自然は同じだ」という意味を込めて使っているのですから、これは新しい使い方です。しかしこれにも「天地は自然だ」という含意がありますね。

5 「自然」という言葉の引力のすごさ

自然環境の時代

実態としての自然環境のすばらしさは誰もが感じています。私は中学校の修学旅行ではじめて阿蘇山から久住高原を通ったときに「こんな大自然が日本にもあったのか」と感動したことを今でもよく覚えています。こういう自分の外側にある自然、つまり対象化して見る自然のすごさは言葉にして語ることは簡単です。しかし、「なぜ、その自然にひかれるのか」と尋ねられると、その自然とそれに感応している自分の関係をふりかえらなくてはなりません。そして、言葉にしようとする時に、「自然O」という言葉が心の奥からささやきかけてくるような気がします。

「自然N」を眺めるときには、まっさらの心で見ることはありません。これまでの経験が湧いてきて、様々な思いにとらわれ、いよいよ自然の中に取り込まれていくことが少なくありません。そして、「自然のままに」「自然にそこに」「自然な感じで」という、無意識の感覚が身体の底から満ちてきて、いよいよ自然を魅力的にしてくれます。私たちは、「自然N」を見たり感じたりするときに、いつの間にか「自然O」を重ねているのです。そして、「自然N」の意味も、単なる自然環境ではなく、一つの自然な理想として現れているのではないでしょうか。つまり、「自然N」と「自然O」が合体したものが、愛おしく懐かしいものとして現れているのです。

第三の意味

私たちが「自然に眠たくなる」というように使っているときは、まったく伝来の「自然O」の意味ですから、問題はないのですが、ネイチャーを指して、「自然は静まりかえっている」「偉大な自然に感動した」などと「自然N」を使うときには、伝来の「自然O」の（ナチュラルな）意味も含んでいるのではないでしょうか。「自然は、自然なものだ」という感覚が、私たちには身についているからです。

明治時代の文章の「文学は自然を自然のままに写す」は、「自然N」の意味をまったく持たず「文学は、おのずからなるさまを、自然に書く」という意味だと当時の大多数の人は読みました。「自然の法則」も「自(おのず)からなる法則」と受けとりました。それでは現代文の「科学は自然を自然のままに写す」はどうでしょうか。「科学は自然環境を自然環境として記述する」という意味ではあるのですが、つい「科学は自然を自然なままに記述する」と解釈したくなります。なぜなら、私たちは「自然とは自然なもの」だと信じているからです。

くり返しになりますが、これまでのことを私の言葉で要約すると、私たちは「自然N」を外からのまなざしで見る前に、内からのまなざしで見てしまうのです。そこでは生きものたちが自然に生きているのです。その生きものたちと一緒に、自分も自然に生きたいと思いながら、つい見てしまうのが「自然N」なのです。これは「自然N&O」とも言うべき第三の意味になっています。

自然という言葉のたどった道

このように「自然」という言葉は、

（1）中国で老子・荘子の思想の真髄を表す言葉として造られ、

（2）仏教と出会って影響を与え、

（3）日本に渡って来て、変容しながらも人間の生き方の手本として定着し、

（4）明治期にネイチャーの翻訳語として新たな意味を付加され、

（5）そしてとうとう、ネイチャーとも融合して、日本人に新しい「自然観」をもたらしたのです。

こうして現代では「自然N」が行き渡り、「天地」という言葉に置き換わってしまいました。このことは私たち日本人にどういう変化をもたらしたのでしょうか。

①自然を科学的に外から見る習慣が広がりました。とくに言葉にするときはそうです。

②自然を人間のために利用するという発想が強くなりました。自然のめぐみを「農業生

産」と言い換えて、農業では「できる」「とれる」という受け身の発想から「つくる」という人間中心の態度への転換がすすみました。

③自然に感謝することよりも、自然を人間活動への制約ととらえて、克服する気持ちが強まりました。

④天地自然に没入することが苦手になり、やりにくくなりました。

⑤天地自然に対する宗教的な感覚やアニミズムが衰えていきました（このことは第6章で説明します）。

6 現代の日本人の感覚

そこで現代日本人の新しい「自然観」をさぐっていきましょう。

私は「農業は自然破壊かどうか」を考えるために、多くの人にアンケートをとってきました。その結果を紹介しましょう。

まずみなさんも次のページの【質問A】と【質問B】に答えてみてください。この質問をした後で、「質問Aと質問Bは、矛盾していると思いませんか」と尋ねても、ほとんどの人

【質問A】「人間も、自然の一員である」という考え・感覚に賛成ですか、反対ですか。

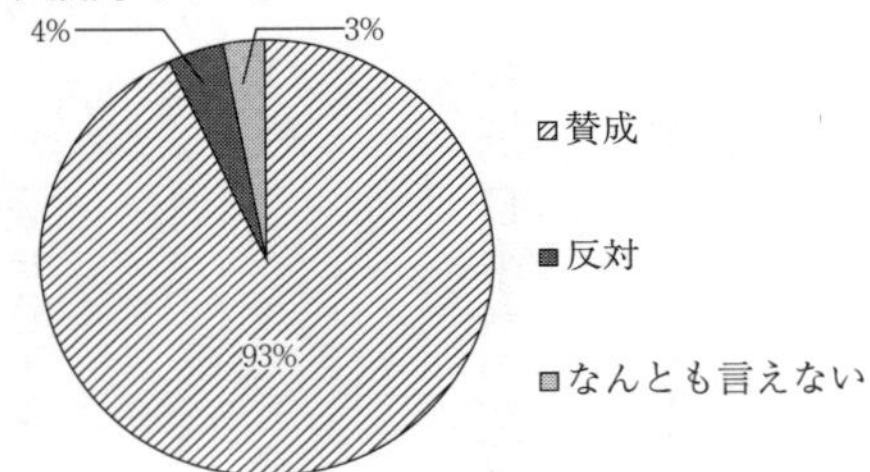

調査期間2007年〜2018年　総数7511人、回答なしを省いて集計しています。

【質問B】次の図を見て、答えて下さい。

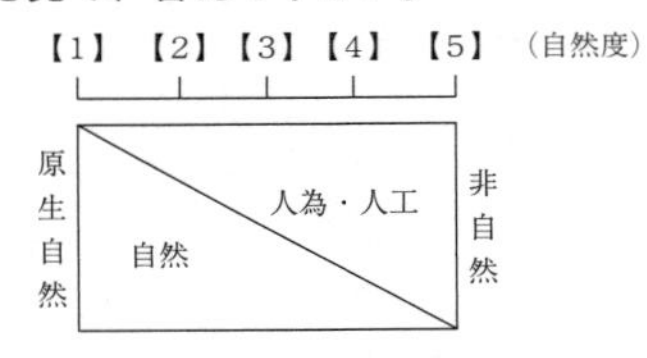

【1】は100％自然、つまり原生自然、【5】は100％人工の場所、【3】は自然と人工が半々ぐらいのところというイメージの絵です。
（問1）あなたにとって、田んぼはどのあたりでしょうか。
（問2）あなたはどのあたりの自然と一番よく触れあってきましたか。
（問3）あなたはどのあたりの自然が最も価値があると思いますか。

	自然度	【1】	【2】	【3】	【4】	【5】	回答者合計
問1：田んぼのイメージ（％）	百姓	2	23	29	42	4	5532人
	非農家	4	49	27	18	2	1890人
問2：触れあってきた自然（％）		0	68	28	4	0	2117人
問3：最も価値のある自然（％）		98	1	1	0	0	3245人

調査期間2007年〜2018年　回答なしを省いて集計しています。

図5　現代の日本人の自然観

が「別にそうとは思わない」と答えます。これはとても面白い反応です。【質問A】「人間も自然の一員か」では、回答者のほとんど全員が、「自然N」を伝統的な日本語の人間も含む「天地」の意味として理解していて、賛成している人が圧倒的に多数です。ところが【質問B】「どの程度の自然か」では、「自然N」を人間以外のものや現象を指す、言わばネイチャー（nature）の翻訳語として正確に理解しているのです。

そうして、自分ではこの二つの「自然」の使い方が矛盾しているとは思っていないのです。【質問A】には、伝統的な日本人の人間とネイチャーを分けない感覚で回答し、【質問B】では、西洋から輸入した「自然N」に忠実に人間と自然を分けて回答しています。

【質問A】でびっくりすることは、ネイチャーの原意には人間は含まれていないのに、ほとんどの日本人が「人間も自然の一員だ」と今でも感じているから、いつの間にか「自然N」に人間も含ませた新しい「自然N&O」という第三の意味で理解して使っていることです。

じつはこうした第三の意味で「自然」を理解しているから、自然と人間（人為）をきっぱり区別した【質問B】の図にも違和感なく回答できるのです。

質問Bへの回答の分裂

【質問B】（問1）の結果では、日本人の自然観には大きな二つの分裂（断絶）があることがわかります（次ページの図6を見て下さい）。

まず百姓の多くが、田んぼのイメージを【4】と、つまり自然が少ないと答えたのに対して、消費者（非農家）は【2】自然が多いところだと答えたことです。これは百姓には、農薬や化学肥料を使い、また圃場整備などで、自然を壊してきたという自覚があるのに対して、消費者は田んぼを自然の風景として、外から眺めるからでしょう。

ではなぜ百姓はみずからの百姓仕事が「自然破壊」だと自覚できたのでしょうか。百姓も外からのまなざしを身につけてしまっているのです。もちろんそれは「自然N」という言葉を日常的に使うようになったことが一番の原因です。ところがそれに加えて大きな変化があったのは、農薬と化学肥料を使うようになったからです。

農薬と化学肥料は、新しい技術として村の外からもたらされました。それだけでなく、この技術は百姓の経験ではとらえきれないものでした。農薬で虫が死ぬのを見ても、なぜ死ぬのかは、科学的な説明がなければ理解できません。10kgの化学肥料に堆肥1トン分の肥料成分が含まれていることは、見た目では実感できません。つまり、作物や土や田畑を科学的に

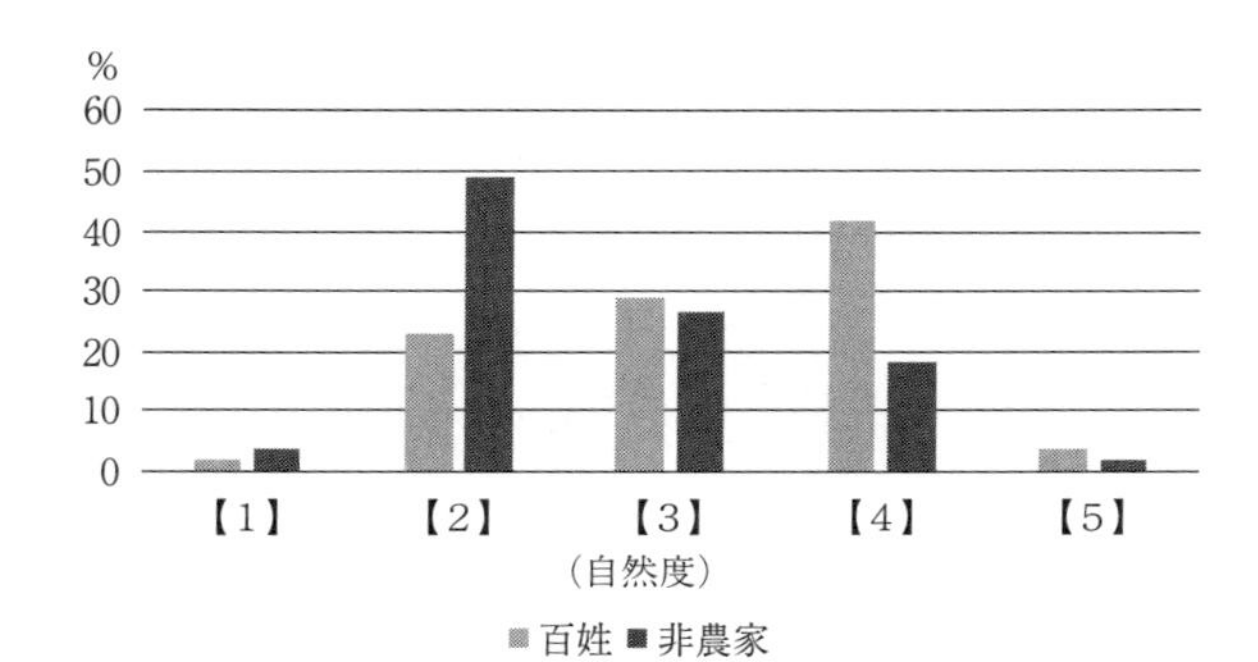

図６　現代日本人の田んぼのイメージ（96ページの問１）

外からのまなざしで見る習慣が、初めて日本の百姓にもたらされたのです。

天地自然の一員として内側からしか見ていなかった百姓が、はじめて自分の仕事を突き放して、自然に対してどのような影響を与えているかということを自覚し始めたからです。こうして現代の百姓はとても苦しい立場に追い込まれています。日本の百姓が「環境問題」に積極的な発言をしないのは、このような後めたさがあるからです。

同じ質問1を、人間と自然を分けなかった戦前の百姓に尋ねたら、たぶん「質問の意味がわからない」と答えたことでしょう。当然ながら「農業は自然破壊だ」という意味も理解できなかったでしょう。

ここに、もう一つの断絶（分裂）が顔を出しています。（問2）では多くの日本人が、自分の自然観を育んできたのは身近な自然である【2】や【3】と答えながらも、（問3）では、最も価値のある自然は一度も見たこともなく触れたこともない【1】（原生自然）だと答えることです。「自然N」を外から見ることがなかった昔の日本人は最も価値のある自然は「身の回りの自然だ」と答えたでしょう（もっとも「自然N」を使うことはなかったでしょうから、これは現代の見方に私が翻訳しているのです）。

「自然」という言葉のすごさ

あらためて、このようにたどってみると、この「自然」という言葉のすごさと深さに感動します。もしネイチャーが「自然」ではなく、他の言葉（万物、天然、山川草木、森羅万象など）に翻訳されていたなら、このようなことにはならなかったでしょう。西洋のネイチャーは日本語の「自然O」と出会って、より豊かにとらえられるようになったと思います。「自然N」はじつにいい翻訳語でした。しかし、このことによって衰えていったことがあることも忘れてはなりません。

もっとも普段の私たちは、このことを意識しません。しかし、無意識に背負っているのです。私たちが「自然が好きだ」「自然に惹かれる」のは、じつはこの「自然」という二つの起源を持つ言葉自体の影響をもろに受けているのです。つくづく「自然」という言葉の魅力に驚きます。

【付記】この章は、「自然О」のことを深く考えてきた先人の研究を参考にしなければ、とうてい百姓の私だけの思索では書けませんでした。参考にした主な書物を掲げておきます。

柳父章『翻訳語成立事情』岩波新書、一九八二年
柳父章『翻訳の思想』ちくま学芸文庫、一九九五年
伊東俊太郎『一語の辞典　自然』三省堂、一九九九年
森三樹三郎『「無」の思想』講談社現代新書、一九六九年
相良亨「「おのずから」としての自然」『相良亨著作集第6巻』ぺりかん社、一九九五年
立川武蔵『日本仏教の思想』講談社現代新書、一九九五年
溝口雄三『中国思想のエッセンスⅠ』岩波書店、二〇一一年
竹内整一『「おのずから」と「みずから」』春秋社、二〇〇四年

第4章　自然を守るという発想の混乱

「自然保護」という言葉があります。この反対は「自然破壊」です。どちらも、簡単に理解できるような気がしますが、そうではありません。たとえば、「農業は自然破壊かどうか」を考えるなら、「人間が生きていくのは自然破壊かどうか」という問題につながりますし、簡単に答えを出せないような気がします。

1　「自然破壊」への違和感

二次的自然

あるときに学者から「田んぼって、もともとあった自然を切り開いてこさえたのだから、自然破壊ですよね」と言われて、びっくりしました。「ちがうんじゃないかな。私は農薬も化学肥料も使わないし、田んぼには生きものもいっぱいいるし……」と反論したら、「それはとてもいいことですが、それらの生きものは、元々の自然ではなく、自然を破壊した田んぼという二次的自然に適応して生きているだけですよ」と説得されそうになりました。

この「二次的自然」という考え方は、田んぼは本来の自然とは程遠いが、まあ自然に入れてもいいと言っているようです。何か、自然を序列化して、優劣をつけているようで、いやな気持ちになります。元々の本来の自然とは何でしょうか。人間の手の入っていない「原生自然」のことのようです。そんな自然は日本にはほとんどないので、日本では本来の自然について話すことができなくなります。しかし、私はこれまでこの本で「身近な、身の回りの自然」と言ってきました。これは第3章で説明したように、自然と人間を区別しない、人間をも含んだ「天地」の意味で使っているのです。つまり「人間の手が入ると自然ではなくなる」という発想が日本人にはありません。

田んぼの自然と山奥の自然は同じではありませんが、かつては自然として優劣をつけることはありませんでした。なぜ科学的な見方では、原生自然と人間が手入れした自然を区別するのでしょうか。暗黙のうちに、原生自然の方が身近な自然よりも価値があると思っているとしか思えません。これは西洋由来の見方の影響でしょう。

原生自然を守る運動は新しい

このように自然を差別するようになったのは、「自然保護」の考え方の影響です。自然保護の思想には大きな問題が含まれています。それは「原生自然」を守る運動として始まったからです。みなさんも「原生自然は守るべきだ」と思っていませんか。私もそう思います。しかし、そのために知らず知らずのうちに、「身近な自然」は後回しになるのです。

そこで、どうして自然保護の考え方が生まれたのか、その歴史をたどってみましょう。自然保護の運動はアメリカから始まりました。一七八七年にアメリカ合衆国が成立した後も、アメリカ人は西部開拓でつぎつぎと「原生自然」を開墾していきました。大規模な「自然破壊」が始まったのです（ヨーロッパもかつては森林に覆われていたのですが、とっくに開墾は終わっていました）。

アメリカの開拓では、原生自然は開拓者に立ちふさがる障害であり、これを切り開いて牧場や畑にすることが、フロンティアを広げていくことだと誇りに思われていたのです。つまり、それまでは、ヨーロッパでもアメリカでも、原生自然の開墾は、決して「自然破壊」だとは思われていなかったのです。

何よりも西洋で一番信者が多いキリスト教の教えでは、「神（唯一の神）は人間のために自然を造った」のですから、人間は自然を支配していいということになります。しかし、キリスト教がヨーロッパに行き渡る中世までは、木を切り、山を掘り、川をせき止めるときには、それぞれを守っている様々な神々に許しを得ることが必要でした。キリスト教ではこういう神々は異端だとして、無視されるようになったのが、自然が破壊された最大の理由です。

したがってアメリカでも、原生自然を開拓して入植していった百姓たちには、自分たちの行為を「自然破壊」だと思っていた人はいませんでした。ところが、開拓が終わり、めっきり少なくなってしまった原生自然を「国立公園」にして保存しようとする運動が始まりました。原生自然のすばらしさに触れた旅行者の提案によるものです。アメリカバイソンやネイティヴ・アメリカンたちが滅んでいることを嘆いた人たちの運動によって、一八七二年にイエローストーンがアメリカの最初の国立公園に指定されました。

私は「自然保護」は大切な考え方だと思います。しかし、日本で生まれた考え方ではありませんし、何よりもそこで暮らしている人間から生まれたものではないところに問題があります。また「原生自然」が本来の自然だとすると、人間の自然への働きかけは「自然破壊」ということになります。そして人間が手を入れた「少し破壊された自然」は、原生自然に比べて、質が劣ると見なされることになります。しかし、こういう考え方は間違っているような気がします。

自然保護の対立

原生自然を守るために始まった「自然保護」は大きな壁にぶつかります。自然保護運動の成果として一八九〇年に国立公園になったヨセミテ渓谷にダムの建設が持ち上がったのです。ダム容認派は自然を賢明に利用する「保全」を訴え、反対派は自然そのものの「保存」を主張したのですが、一九一三年にダムの建設はアメリカ政府によって認められてしまいます。「保全」とは、人間のために自然を持続的に利用し続けることです。「保存」とは、人間のためではなく、自然のために自然を残すことです。この論争では、「保存」派の言い分が弱かったと言われています。つまり「保全」派の主張が人間のための実利を伴っていたのに、「保存」派の「原生自然」に手を入れてはならないという主張の根拠は、人間の感情や感性に訴えるだけだったのです。たしかに人間のための利益は簡単に見つかりますが、自然のための理由は、案外見つからないのです。なぜなら、西洋では人間は自然の生きものではないからです。しかし、この問題はこれで決着がついたわけではありません。現在でも形を変えて、続いているのです。「開発か保存か」「生かすか殺すか」「人間中心主義か自然の代理か」という問題は、じつは「人間は自然の一員か、そうではないのか」という問いを含んでいます。このことは倫理問題として、あらゆるところで顔を出すものです。

私はこの問題を、日本人の百姓として、まったく別の見方で考えてみたいのです。その前に敗北した「保存」派の考えのその後を追ってみましょう。

自然の権利

一九七〇年代になると、それまでの自然保護の思想はまとめて「人間中心主義」だとして批判されるようになります。そこで人間のためではなく、自然のために自然を保護するための新しい理論がいろいろと出てきました。やっと「保存」の根拠を人間の感情や感性に求めるのではなく、自然そのものの価値で訴えることができるようになったと思われました。

まず一九七〇年代になると、「自然の権利」という考え方が出てきます。動植物にも人間のように生きる「権利」があるというのです。また「動物の解放」論が唱えられます。人間の権利が男性から女性へ、白人から黒人や少数民族へ、健常者から障害者へと拡大・充実してきたように、人間から動物にも「権利」を拡大すべきだという考え方です。それは、川や森も人間を後見人として裁判を起こすことができるという主張になります（日本でもアマミノクロウサギ裁判が一九九五年に起こされました）。また人間のために、動物を犠牲にして来た動物実験や工場的な畜産は生きものへの虐待だと批判されるようになりました。

さらにディープ・エコロジーは人間も含めて「すべての生きものの命は平等だ」と主張しました。これは従来のエコロジー（環境を守る運動）が人間の勝手を優先していたことを批判して、「もっと深い（ディープな）エコロジー」になろうと言うのです。これらの考えは、従来の「自然保護」があくまでも先進国の「人間中心主義」ではなかったか、と批判しているのです。

さらに、地球全体を生命圏とするような「ガイヤ仮説」「宇宙船地球号」「地球環境」という枠組みでの議論が広がっていきます。

また「自然保護」運動ではありませんが、一九九五年頃から農業でも初めて「生命倫理」が登場してきます。それは「家畜の福祉」を実現する運動です。狭い檻（おり）に閉じ込められて飼育される家畜に同情して、家畜が生きものらしく生きられる環境を要求するものでしたが、日本ではあまり顧みられていません（日本でも有機農業の運動は一九七〇年頃生まれていましたが、自然環境への視点は未熟でした。私たちの「減農薬稲作運動」は一九七八年から始まり、一九九二年に「環境稲作」へと深まりましたが、広がりは限られていました)。

これらの考え方は、まとめて「環境主義」と呼ばれています。その内容はかなり異なりますが、人間以外の生きものにもまなざしを向けた「生命中心主義」と、生態系全体にまなざしを向けた「生態系中心主義」だと言っていいでしょう。しかし、こうした環境主義も、これまで地位が低かった動植物に、どうにかして人間並みの境遇を与えたいという気持ちは共通してあるような気がします。人間中心主義を批判しているところは共鳴しますが、やはり最後は人間と人間社会をモデルにしてしまうのは、西洋思想の特徴ではないでしょうか。

しかし日本人の私としては、少し羨ましいと思うのです。人間のためではなく、自然そのもののために、人間が保護するという理論を懸命に考えていることに、私はひとまず敬意を払います(日本人の私はまったく別の考えを持っていることはこれから話します)。

自然保護以前

みなさんは奇妙だと思いませんか。「自然保護」の考え方は、たかだか一〇〇年余りの歴史しかないのです。それまでは、「原生自然」は怖くて悪魔が住んでいるところだと考えられていました。しかも中世の西洋では、すべての生きものには命と魂があるというアニミズムが強かったそうです（日本と似ていますね）。ところがキリスト教が布教されることによって、自然の生きものに気をつかうことがなくなり、自然を開発することに抵抗がなくなったのです。したがって一八世紀末から一九世紀に進行していった産業革命で、森林は大規模に伐採され、木炭として産業革命のエネルギー源とすることに抵抗はありませんでした。その結果、皮肉なことに「自然破壊」が誰の目にも明らかになったのです。

「自然破壊」がなければ、当然「自然保護」も必要がなかったわけです。つまり日本人は明治時代以降、「自然破壊」を伴う近代化産業を西洋から取り入れ、その結果「自然保護」の考え方も輸入せざるをえなくなってしまったのです。

ここで気をつけなければならないことがあります。たしかに日本人は西洋文明を取り入れて近代化を図ってきましたが、「キリスト教の影響は受けていない」と思っています。ところがそうではないのです。それまでの「天地」には人間も含まれていましたが、「自然N」の中には、人間が含まれていません。このことの影響は受けています。さらに、西洋から輸入した「科学」は、人間と自然をきっぱり分けてしまったから発達したのです。この影響で日本人の「自然観」は次第に変わっていきます。これは大事な問題ですから、ここで科学を成り立たせている西洋の精神を説明しておきましょう。

科学革命とは

一六世紀に「科学革命」と呼ばれる大きな変化がありました。みなさんも知っているでしょう。ガリレオやコペルニクス、さらにニュートンなどによって、天動説は地動説に書き換えられ、万有引力が発見され、それまでの西洋中世の世界観は大きく変わりました。これはのちに「科学革命」と呼ばれるようになります。

こうした科学の考え方を完成させたのがデカルトというフランスの哲学者です。「我思うゆえに我あり」という言葉で有名ですが、彼は世界を「物」と「心」にきっぱりと分けました。科学的に自然を解明するために、自然は心を持っていない「物」つまり機械のような物だと考えました。たしかに太陽を見れば「おはよう」と挨拶し、蛙を見れば「元気かい」と声をかけるような態度では、科学は発達しなかったでしょう。科学は対象とするものが自然の法則に従って、自動的に動いていると考えなければいけないのです。勝手気ままに動いているものは科学の対象にはなりえません。そこで、物体や生きものから心や感情や表情だけでなく、色や香りや音や手触りなどまで追放して、数値で示すことができる性質だけで表現しようとしました。その結果、それまでの自然全体を生きた「生命体」と感じてきたヨーロッパ人の自然観は次第に変化していったのです。

一八世紀の啓蒙時代でも、人間が自然を支配することは奨励されていました。さらに一八世紀末から一九世紀にかけて進んだ産業革命によって、人間の自然への支配力はいよいよ強くなりました。こうした自然への人間の態度を科学的な精神が支えて来たのです。現代でも「科学的だ」と言うときには、人間の主観ではなく「客観的」で、その人だけが納得しているのではなく「普遍的」なもので、さらに人間の理性で判断できる「合理的」なものだという合意が成り立っているから、すぐに信用してしまうのです。しかし、みなさんは「科学的な」説明は、冷静だけれども何か冷たく無味乾燥だと感じませんか。それが科学のいいところでもあり、悪いところでもあるのです。

人間と自然は、科学によって引き離され、別物になったと言っていいでしょう。

2　日本人にとって「自然保護」とは

日本人も原生自然が好き

話を現代の日本に戻しましょう。現代では原生自然が少なくなってしまったこともあり、原生自然と言うだけで特別な価値があり、保護しなければならないという考えが普及しています。したがって「世界自然遺産」に登録されるところは、ほとんどが原生自然に近い場所が選ばれます。日本では屋久島、知床、白神山地、小笠原諸島が登録されています。

日本人でも、いつの間にか身の回りの自然よりも原生自然の方が価値があると思っています。それはどうしてでしょうか。まず、何よりも西洋から輸入した「自然保護」思想の影響があります。それに一九六〇年から、工業地帯や住宅団地などの開発がどんどん進み、人間による「自然破壊」が目に余るようになったことがあげられます。次第に、自然は人間が保護しないといけないという考え方が強まってきました。そうなると人間によって破壊されていない原生自然が輝いて見えるようになりました。つまり、人間社会と自然界を対立させて見るという態度に馴染んできたのです。そうならざるをえないように、社会が発展してきたと言ってもいいでしょう。

さらにもう一つ、第3章で説明したように、ネイチャーの翻訳語の「自然N」と伝来の「自然O」を日本人は重ねて理解しているからです。「自然は自然な方がいい」というわけです。そういう目で見ると、原生自然はとても自然なところに見えます。

私も若い頃一度だけ、屋久島の縄文杉を見に行ったことがあります。「自然な感じ」というようなものではなく、神々しくて怖いほどの奥行きをもった森で、すごいと感じました。しかし人間が安心して住めるところではないと実感しました。異形で異界だと感じました。逃げて帰ってきたような気分になりました。私の村の自然とはまるでちがうものです。

昔の日本人には天地自然を「保護する」というような考え方はありませんでした。人間は天地の一員として、天地のめぐみをいただき、天地の災いにはそれも引き受けて生きていくしかない、と納得していました。もちろん百姓なら豊作を願い、よく日も照ってほしいし、雨も適度に降ってほしいし、台風は来ないでほしいとは思いますが、人間の力ではどうしようもないことですから、ただ毎日の天地のめぐみに感謝することが優先されたのです。

そういう祈りが届くような身近な自然こそが、自然の代表だったのです。決して原生自然があがめられていたことはありません。しかし、現代日本人の頭の中だけでは、原生自然が最も自然Oらしい自然Nに思えるのです。

自然破壊とはどういうことか

「自然破壊だ」という批判はよく耳にします。主に開発の時に生じます。海を埋め立てたり、山を削って住宅地にしたり、貴重な森を伐ったり、魚を捕りすぎて絶滅させそうになったり、自然が豊かな風景の中に鉄塔を建てたりすると、「自然破壊だ」と言いたくなります。それはべつに原生自然でなくてもいいのです。そこに変わらずにあった「自然」が変わってしまって、しかも元に戻らないときには自然破壊です。

したがって森の木を伐っても、また数十年後には元に戻るような営みなら「自然破壊だ」とは思われません。魚を捕っても、また次の年には同じような魚の群れが回復するなら、自然破壊にはなりません。つまり「また会える」ことが重要なのです。では、農業はどうなのでしょうか。たとえば、森を切り開いて田んぼを造成したとしましょう。その結果、大雨が降ったときに、土砂崩れが起きたとしましょう。土砂崩れが何回も起きるようなら、利用の仕方が悪かった、つまり「自然破壊」であることが証明されたことになります。

しかし、土砂崩れが起きなくても、それまでの森は失われ、ちがう生きものが住むようになり、風景も変わってしまいました。この状態が何十年も何百年も続くと、「昔から続いてきた風景と自然である」と思ってしまいます。こうなるともう「自然破壊だ」とは言われなくなります。むしろその田んぼは「新しい自然」ということになり、その中で暮らしている生きものの「このままにずっとここで生きたい」という声が人間に届くようになると、「見慣れた、ありふれた自然」に仲間入りをするのです。

このように「原生自然」や「貴重な自然」ではない身の回りの自然への働きかけが「自然破壊」であるか、そうでないかは何十年、いや何百年の時の流れを経て決まることなのです。そうなると、難しい問題が浮上してきます。近代化される前のやり方なら、それまでの何十年、何百年の経験から「自然は変わらない」と予測できますが、新しいやり方、技術は、その結果が予測できないのです。そこで可能なかぎりで予測する「環境アセスメント（環境影響評価）」が実施されます。しかし、経験のない未来のことを予測するのですから、はずれることの方が多いのです。

3　日本人は自然を保護すべき対象と思って来なかったのか

日本人の責任感

日本人から「自然保護」の発想が出てこなかったのはなぜでしょうか。それは「農業は自然破壊だ」という自覚が生まれなかったのはどうしてか、という問いの裏返しでもあります。

たとえば一九六〇年頃には、農薬散布による百姓の死者は毎年一〇〇人を超していました。人間が死ぬぐらいの毒性が強い農薬が使われていたからです。当然ながら害虫だけでなく、多くの生きものたちも死んでいきましたが、これは「自然破壊」だとは思われていませんでした。これまで、その理由は「食糧不足に対応するために、農業生産はそれぐらいの犠牲はやむを得ないという風潮があった」という考えで片付けられてきました。私はそうではなかった、と思います。

日本の農学者の中には農薬万能の風潮に危惧を抱き地道な研究を続けた人もいました。ところが多くの学者、研究者はレイチェル・カーソンの『沈黙の春』（日本での書名は当初『生と死の妙薬』一九六四年）が出版された後でも、農薬による環境汚染を取りあげようともしませんでした。「農林省や各県の試験場の大部分の応用昆虫学者は、農薬会社の新製品のテスターになり下がってしまったのである」。これは私の先生である桐谷圭治さんが名著『害虫とたたかう』（NHKブックス、一九七七年）できちんと指摘しています。

科学とは、客観的で普遍的で合理的なまなざしで、真理を追究するように見えますが、じつは時代の流れに流されてしまうものなのです。その時代が要請していない研究にはなかなか予算がつきませんし、そもそも科学者の関心が注がれることが少ないのです。当時からなぜ科学者は「自然とは何なのだろうか」と深く考えなかったのでしょうか。「そんな哲学的な問いにかかわっている暇はありません」と何人の科学者から聞いたことでしょう。現代でも科学は細切れにされ、自分の専門分野以外には関心がない人が多いようです。困ったことです。

一方の百姓は、おびただしい生きものが死んでいるのを見ても、「かわいそう、ごめんな」とは思っても、自然破壊だと考えませんでした。ここに内からのまなざしの弱点が顕わになっています。私たち日本人の伝統的な感覚である天地自然観では、農業の近代化技術を扱えないのです。振り回されてしまうのです。農薬や化学肥料などの近代化技術には、新しい外からの技術論（技術とは何かを考える思想）が必要だったのですが、それがなかったのです。新しい西洋的な科学技術を使いこなすのに、日本の古い天地観で受け入れたとも言えます。

減農薬運動

個人的な思い出になりますが、私は一九七八年から「減農薬稲作」を提唱してきました。「どれくらい害虫がいたら農薬を使用するか」という目安も持たずに、指導員は農薬散布の指導をし、百姓も「隣が農薬をふるから、自分もふる」という風潮に疑問を感じたからです。

同じような危機感を抱いていた百姓と一緒に、「虫見板」を開発し、自前で虫を観察して、自分たちの田んぼで研究と実験を重ねながら、農薬を散布しなくてもいい目安（要防除基準）を発見してきました。このようにして、農薬が本格的に田んぼで使われるようになってから、三〇年も経ってから、やっと百姓は農薬を使いこなせるようになったのです。ただし、環境への影響は未だにきちんとはわかりません。まして、百姓の自然観への影響は話題にすらなりません。

科学技術を使いこなすための外からと内からのまなざしを形成するのがいかに難しいかがよくわかります。このことは現代でもまったく同じ事態が続いています。たとえば農業を無人ロボットにやらせる技術（スマート農業・ICT技術）が国を挙げて推進されていますが、このことで自然環境がどのように変化を被るか、百姓のどのような内からのまなざしが失われるのか、などという問題を考える人はいません。田畑の自然を観察することまでも、機械にやらせようとする感覚が私には理解できません。百姓の一番大切な世界を譲り渡して、何が残るのでしょうか。

日本人にとっての難題

現代の日本では、西洋由来の自然を守る「環境主義」が田畑に適用されることはほとんどありません。かと言って伝統的な百姓の自然観が再評価されることもありません。いつのまにか「田畑には、貴重な自然はない」という考え方が強くなってしまっています。

かつては「田んぼは自然かどうか」などと悩むことはありませんでした。しかし現代では農業は「自然破壊」かどうかを百姓は考えるべきです。問題は農薬や化学肥料の使用による環境問題だけではありません。さらに深刻なのは「もっと生産コストを下げましょう」と国家からも言われるようになると、「毎日田んぼで顔を合わせている蛙とも、これからは三日に一回にしないといけないのかな」と思わないといけないようになっています。これまでも話してきたように、田畑という自然は元々の自然ではありませんが、身近な自然として、私たちを取りまいてくれ、四季折々の風物を届けてくれました。そういう自然を本気で守るためのまなざしが危機に直面しているのです。

しかも、こうした百姓の悩みは、だれも表に出そうとしていません。なぜなら、「個人的な」「主観的な」ありふれた価値でしかないからです。「それよりも、経済性の追求が重要だ」と、ことあるごとに言われているからです。ここに現代の「自然保護」の大きな問題の一つがあります。

4　農業が「自然破壊」だとすると、自然保護も成り立たない

自然破壊だという自覚はない

人間は生きていく以上、食べものやくらしの材料を天地自然から受けとらなくてはなりません。人間には米や大豆や材木や魚や水を「つくる」ことはできないからです。これらを「つくる」のは天地自然ですから、人間はそれを手助けして、天地自然のめぐみをいただくしか生きる道はないのです。この天地自然からのめぐみのいただき方を豊かにしたのが、農業です。毎年変わらずにめぐみがもたらされるように、様々な工夫をこらして仕事をしてきました。

田んぼのまわりを小さな畦（土手）で囲んで水を溜めるようにしたのは、誰が始めたのか、もう調べることはできませんがすごい発明でした。それから稲は、同じ場所で、毎年同じように育つことができるようになりました。天からの光と水をしっかり受けとめることができ

るようになったからです。

　しかし、田んぼを開くためにはそれまでの湿原や草原や森林を切り開かなければなりませんでした。それまで水が少なかった所に遠くから水路を掘って、水を引いてこなければなりませんでした。それまでの自然環境とはちがった環境が生まれました。これを「自然破壊」だと考える人は誰もいませんでした。生きていくために懸命でした。しかし、何よりも天地自然への感謝の気持ちは捧げられてきました。それは狩猟採集時代よりも強くなりました。

　感謝する気持ちは「受け身」の態度からしか生まれません。自分だけの力ではできないと自覚した時に、助けてくれる相手に感謝の気持ちを届けたくなります。その相手が天地だとすると、感謝の気持ちは多くの百姓と共有できます。しかも昔は内からのまなざしだけで、生きている世界を見ていたので、思いはことのほか強く濃く、激しいものがありました。

　こうして天地の名代として神さまが生まれ、生きとし生けるものに魂を宿らせ、人間自らも受け身でおのずから、つまり自然に生きることが当然のようになりました。そして、農業によって殺される生きものへの情愛が深くなっていくのです。もちろん西洋的な「自然破壊」や「自然保護」などという考え方はまったくありませんでしたが、それとは別の「生きものの殺生」や「生きもののたたり」を感じる感性は農業によって強まっていったのです。

たしかに農業ほど生きものを殺す仕事はありません。「農業は自然破壊だ」という主張には反論できないような気分にもなります。しかし百姓にはそのことを悩んだ形跡が昔からほとんどありません。それはどうしてでしょうか。ここに「農業は自然破壊かどうか」に対する日本的な答えが隠されています。

このことは、現代になって再評価されて来ていますので、第6章でくわしく説明します。

5　自然を外から見る限界

「農業は自然破壊だ」という見方と「農業は自然を支えている」という見方は、矛盾しているわけではありません。同じ世界を別々の見方で見ているに過ぎないからです。どちらの言い分にも耳を傾ける必要があります。しかし、現代では「農業は自然を支えている」という内からのまなざしの方は弱々しくなっています。なぜなら科学的な見方が優勢だからです。

このことを生きものへのまなざしを例にとって比べてみましょう。

生物多様性のトリック

「生物多様性」という言葉が広まってきたのは、一九九二年のリオデジャネイロでの地球環境サミットで、「生物多様性条約」が提起され、一九九三年に日本も一八番目の参加国になりました。しかしこの言葉の内容を知っている人は、福岡県では二〇一七年でも38%に過ぎません。外来の言葉で、普段は使うことがないからです。

「生物多様性」はわかりやすそうで案外そうではありません。あなたが田んぼの中に入ったとします。いろいろな生きものと目を合わせて、話したりするでしょう。しかし「生物多様性」と目を合わせたりすることはありません。これは頭のなかで整理するときに現れる概念です。臨場感のない、外からのまなざしの典型です。これをあなたはひとつひとつの生きものの集合だとして、できるだけイメージが湧くようにしようとしますが、やはり思い浮かぶのはそれぞれの生きものたちの姿ばかりです。だからこそ、「自然保護とは生物多様性の保護でもあるのですよ」という言い方は間違ってはいないのですが、何か冷たい、実感が伴わない感じなのです。

たしかに「いろんな生きものがいるっていうことは、それだけの生きものが生きられる豊かな生態系があるってことでしょう」と言われると、そうだなと思います。しかし、そもそもそんなにいろいろな生きものがいることはいいことなのでしょうか。これに答えることは、案外難しいことです。

生物多様性の価値とは

ところで、生物多様性に匹敵する日本人の伝統的な言葉は何でしょうか。まあ、それがないからこの用語が用いられたのでしょうが、あえて探してみましょう。すると「生きとし生けるものには命と魂が宿っている」「無駄な殺生はしてはいけない」「虫も草も人間も生きもの同士だよ」という言葉が浮かびますが、どれも古くさく現代ではほとんど使われない言葉です。

これでは「生物多様性はなぜ大切か」という質問に対して、内から精神的、文化的には答えることができません。そこで、どうしても外からの見方で答えることになります。日本の環境省は、「生物多様性は人間に生態系サービスを提供するので大切である」と説明しています。「生態系サービス」とは、人類が生態系から得ている利益を指しています。それは四つに分けられています。

①食料・燃料・水・原材料などの「供給サービス」
②気候・大気成分・生物数などの「調整サービス」
③風景や体験の場、神秘的な体験などの「文化的サービス」
④生きものの生息環境、遺伝的な多様性の維持などの「生息地サービス」

これらの「生態系サービス」は「生物多様性」によって支えられている、というわけです。「ある生きものが現在は役に立たなくても、将来たとえば癌の特効薬を産み出すかもしれないでしょう。だからどんな生きものでも守らなくてはなりません」という考え方が代表的なものです。しかし、すべての生きものに有用性が見つかるとは思えません。見つからない場合が多いでしょう。もし有用性が見つからなかったら、守る理由はなくなるのでしょうか。

そこで、役に立とうと立つまいと守らねばならないという理屈はないものでしょうか。「自然はそれ自体に価値がある。美しいし、そこに行けば気持ちがいいから」と主張したとしても、これも人間が感じているのですから、人間に役に立つ価値だと言われそうです。そうすると「生態系サービス」に入ってしまいます。

ほんとうに自然には、人間と関係ない価値はないのでしょうか。「自然保護思想」も「生物多様性」も「生態系サービス」も西洋からの輸入です。自然と人間を分けて、自然を外から見ています。科学的な見方です。だからこそ、なにか即物的で、生きものの生のぬくもりや息吹が感じられませんね。このようにどうしても外からの科学的な見方は、よそ事と思わせてしまいます。さらに、科学的な見方はどうしてもその時代の精神の主潮に合わせようとしてしまいます。現代社会を牽引（けんいん）しているのは資本主義の市場経済の価値観ですから、どうしても経済価値の劣るものは後回しにされてしまうのです。先の四項目に、「赤とんぼの群れ飛ぶ風景」や「稲の葉を揺らしながら田んぼの上を渡っていく涼しい風」や「春になると畦に咲き乱れる野の花」は入っているでしょうか。たぶん「ああ、それは文化的なサービスの個人的な表現ですね」で片付けられるでしょう。

外から見る自然の限界

「宇宙船地球号」や「地球環境」という言葉が一九九〇年頃から世界的に使われるようになりました。狭い地域や国を超えて地球規模で考えなければ、「地球温暖化」の問題や海を渡る鳥たちの保護や海洋を移動する鯨や魚などの保護は考えられない、という言い方は説得力があります。しかし、こういうスケールの大きい見方は私たちの実感を伴いません。そこで科学的なデータに基づいた話になります。そうなると専門家の言い分に従わざるをえなくなります。

それはともかくすると、私たち一人一人の実感を軽んじ、みなさんが住んでいる在所（地域）の特性が眼中になくなります。地球全体の問題が優先されるようになります。

いずれにしても、これらの西洋発の新しい自然保護思想があまり広がっていないのは、近代化が進んだ国の事情と価値観を土台にしているので、世界各地のそれぞれの国に特有の生きもの観、天地自然観、生命観、生活観となかなかつながらないからです。

それにさらに大切なことは、「生物多様性」にしても「地球環境」にしても「自然保護」にしても、そこで生きている人の姿が見えないことです。あまりにも一般的に考えられ、誰にでも、どこにでも通用するような語り方をされるからです。具体的な事例であっても、そこで生きている人間の感覚（内からのまなざし）が表に出てこないからです。

こうした反省を踏まえて、現在では人間と自然の関係を考える学問・思想が「環境倫理」として一つの分野をなそうとしていますが、期待していいものでしょうか。

6　西洋的な発想ではない自然保護

死を乗り越える

生きものが死んでいっても、また生まれて、生がくり返すことを見れば、どんなに安堵することでしょう。これこそが、私たちが死を乗り越える最良の方法ではないでしょうか。百姓が「また今年も草が伸びる季節がやってきた」と話すときに、「草とりは大変ですね」という意味に受け取り、労苦ばかりを読み取ってきたのは間違いです。農業を近代化することがいいことだと思っているとそう受け取るのです。

しかし、そこに「また草と会える。草とりができる」喜びと安堵を感じるからこそ、「草を殺す」という罪悪感を持たずに済んでいるのです。西洋の「自然保護」はここまで踏み込むことがありません。このことを科学者に話すと、「それは生物の再生のことですね」「死んで、分解されて、また生まれる物質循環のことですね」「そういう生態系は安定しているということですね」「生物種の持続のことですかね」などと、外からのまなざしだけで片付けようとします。

生きもの一匹一匹の生死よりも、生態系全体を安定させ持続させていけば何の不都合もない、というのは、「生物多様性」などに見られる外からのまなざしの特徴です。こうしたいかにも大局に立ったかのような視点は、身近な生きものの生死から目をそらすことになります。生きとし生けるものの死の上にこそ、自然もそして農業も成り立っていることを忘れてしまいます。

「また会える」という実感こそ、自然が変わらないことの実感でもあるのです。それは農業がずっと続けられてきた証でもあります。

結果論ではいけないのか

農業は同じ仕事をくり返し続けてきました。その結果、同じ生きものが毎年毎年生まれるようになり、いつも顔を合わせることができるようになりました。この百姓仕事を続けないと、天地自然が変化し(田畑も荒れて)、めぐみが受け取れないことになります。この変化こそが最も避けなければなりません。それは天地自然の怒りに触れることになります。天罰があたることを恐れるからこそ、天地自然のめぐみへの感謝の念も強くなりました。こうして百姓は天地自然に親和的なくらしの知恵を身につけてきたのです。

　ところが、こういう見方に対して「結果的にそうなっているのであって、意識的に守ろうとしたのではない」という批判があります。それは西洋的な、近代的な見方だと思います。たしかに蛙を育てる意識的な稲作技術はありませんが、田んぼで蛙がいっぱい生まれているのは、蛙へのまなざしが無意識に含まれている百姓仕事が行われているからだと、これまでも語って来ました。現代の「技術」とは目的とするもの（米）を意識的に生産するもので、目的としていないもの（蛙）を育てるわけがありません。しかし、技術を仕事の中に組み込み自分のものにしている百姓には、蛙への情愛が発揮できるというわけです（第1章の31ページ）。誤解がないように一言付け加えると、それは結果的に破壊されたものだからとして、責任が問えないということではありません。

　毎年毎年、田植えをし、田まわりをし、稲刈りをし続けると、身体の中に生きものへのまなざしが蓄積され、知らず知らずに（無意識に）生きものも守っているのです。なぜなら、天地のめぐみを受け身で（選択することは後回しにして）とにかく受けとめるのが百姓の伝統的な感覚なのです。この受け身の感覚がこれまでうまく表現されて来なかったことが残念です。西洋の発想とは異なる発想で天地自然とつきあい、めぐみをいただきながら、身の回りの自然を支えてきたことを強調したいのです。

江戸時代の百姓と武士

これをうまく表現している日本人を二人紹介しておきましょう。江戸時代の百姓・宮崎安貞は武士を辞めたあと現在の福岡市西区に住んで百姓していましたが、死後刊行された『農業全書』（一六九七年）の冒頭で、次のように書いています。

「それ農人耕作の事、その理り至りて深し。稲を生ずるものは天なり。これを養うものは地なり。人は中にいて、天の気により、土地のよろしきに順い、時を以て耕作につとむ。もしその勤なくば、天地の生養も遂ぐべからず」

天地が生きものを育てるのであって、人間ではない。しかし百姓が天地に従って手入れしなければ、天地の力は現れない、という意味です。人間が中心ではない、あくまでも天地が中心だと言っているところが肝要です。

もう一人、やはり江戸時代中期に岡山藩に仕えた熊沢蕃山の思想を紹介しましょう。蕃山は自然災害の原因が森林の荒廃にあることを見抜き、現代で言う「自然保護」の政策を実行しました。

「万物一体とは、天地万物みな大虚の一気より生じたるものなるゆえに、仁者は一木一草をも、その時なく、その理なくては切らず候。いわんや飛潜動走(ひせんどうそう)のもの(鳥獣虫魚)をや。草木にても強き日照りなどにしぼむを見ては、わが心もしおるるごとし。雨露の恵みを得て青(あお)やかに栄えぬるのを見ては、わが心も喜ばし。これ万物一体のしるしなり」(『集義和書』一六七二年)

ここには儒学の考えが入っているのかもしれませんが、よく当時の百姓とつきあっていた蕃山のというか、日本人の感性がよく表れています。この「万物一体」つまり天地有情の共同体の一員同士、つまり生きもの同士の感覚こそ、百姓が育(はぐく)んできたものです。

天地自然との一体化

ここから自然と一体になる境地に進むことができます。これは熊本県八代で戦前から昭和四三年まで「松田農場」という私塾を開いて九州の百姓に大きな影響を与えた松田喜一の言い分になります。

「農作物がよくできつつある。朝起きるとすぐに見に行く。今しがた見たばかりである。一時間や二時間の間にそう変わるものではないことは知りつつも、見に行く。夕方はいよいよ廻り道までして見に行く。このように農作物から魂を奪われ、朝は寝て居れないから早く起き、昼は暇がおしくて遊んで居れないから働く、どこが朝起きが辛いか、どこが働きが苦痛か、これらはみな農作物から心を奪われ、己を忘れて、相手本位になっておればこそである。この「忘我」こそが、最も百姓らしい境地である」(『農魂と農法・農魂の巻』一九四八年)

現代的に、科学的に言い直すなら、「意識」の世界ではなく、「無意識」の世界にこそ、人生の最大の喜びがあるという主張になるのです。これは、近代的な教育がことごとく「意識」「自我」「自己実現」「個性」などという考え方で行われてきたことへの、痛烈な批判にもなりえています。

みなさんも何かに没頭して、時の経つのも忘れ、約束も忘れ、家族のことも忘れてしまうことがあるでしょう。百姓の場合はしょっちゅうあります。そしてはっと我に返ったときに、周りを見渡して「自然に抱かれていたんだ」「自然と一体化していたんだ」と気づくのです。

こういう境地は、受け身であって、「自我」や「自己実現」などはどこにもありません。つまり天地自然の内側に入り込んで、生きもの同士だという感覚になったときに、天地自然は「ともにある」という感覚になり、天地自然は「大切にしたい」という経験になり、蓄積され、引き継がれてきたのです。これが日本の百姓の伝統的な「天地自然の保護思想」だと言えないこともありません。

日本人の発想

これまでの話をまとめてみましょう。「自然を保護する」「自然にやさしい生き方をする」と言葉にするときには、すでに人間と自然の関係を意識しています。自然と人間（自分）を分けて考えていると言ってもいいでしょう。あるいは自然を外から見ている、とも言えるでしょう。ところが自然の一員として、無意識に（経験的に、結果的に）自然を守っていたり、自然に配慮したりしていることもいっぱいあります。

たとえば私は今年も田植えをしましたが、その結果、蛙も赤とんぼも源五郎も子負い虫も卵を産むことができました。べつに私は蛙や虫たちのために田植えをしたわけではないのですが、結果的に、意図せずに、これらの自然の生きものを守ったのです。と言っても、「守った」という意識はありません。しかし、これも立派な「自然保護」に入るのではないでしょうか。内からのまなざしでは、「今年も蛙が鳴いているな、赤とんぼが生まれてきたな」と思うだけですが。

ところが、現代ではこれは「自然を守っている」とは言わないのです。言えないのです。

本人に自覚がないから、「守っているの?」と聞かれても、気後れして「はい」とは言えないのです。かつての日本人のほとんどがこういう感覚でした(それは「自然N」という言葉を使い始める前のことですが、現代でも引き継がれています)。

もし、こういう無自覚な自然へのやさしい対応を「自然保護」に入れないなら、日本の農業のほとんどは自然との関係を意識していない場合が多いのですから、自然とは関係がなくなります。私たち百姓は自然を語れなくなるのです。私はそれをこの本ではあえて語ろうとしています。百姓としての内からのまなざしだけでは言葉が出てこないので、科学的な外からのまなざしも借りながら、表現しようとしているのです。

でも、私は異常な日本人ではありません。現代の日本人は誰でもほんとうは、私のような二つの見方ができるのです。ただ私のようにそれを意識していないだけです。一つは自然から抜け出して、自然を外から眺めて、「自然を守る」「自然を破壊している」と語るあなたです。もう一人のあなたは、自然の外に出ることなく「今年も金鳳花(キンポウゲ)が花盛りになったね」「うわっー、こんなにいっぱい微塵子(ミジンコ)が集まっている」と、生きものに眼を細めているあなたです。

一方だけではいけないのです。外からのまなざしである「自然保護」は、自然を意識しないときに感じる天地有情の感覚・感性・情愛・経験とつながっているのですから、つなげて語らないといけないのです。したがって現代社会でよく使われる「自然を保護する」という見方は、一面的です。やはり自分がそこにいる表現があってこそ、新しい自然にやさしい思想になるのではないでしょうか。

生きものの危機はまなざしの危機

隣のお婆(ばあ)さんと話をしていたら、「昔はね。この山の上の田んぼに行くと、女郎花(オミナエシ)や藤袴(フジバカマ)の花が田んぼのまわりにいっぱい咲いていてな。それはそれは見事じゃった」と目を閉じて思い浮かべているようでした。今はどうなっていますか、と尋ねると「もう一本もなか」と目を伏せました。たぶんそれは、まだ山の木を薪や炭にするために、二〇年ごとに伐採し、山田の周りの森が開けていて、さらに牛の餌や屋根を葺(ふ)く茅(かや)を採るために草原があった頃のことでしょう。もう山の広葉樹は伐られることなく、五〇年以上も経ってしまいました。樫(かし)や椎(しい)の木は大きくなり、森の中は暗く、下草も生えていません。牛もいなくなり、屋根も瓦葺きになり、草原も必要がなくなり、杉が植林されています。

田んぼの中もそうです。私の田んぼに生えている星草や水松葉(ミズマツバ)は、福岡県では絶滅危惧種になってしまいました。私はもう三〇年間、除草剤を使ってはいませんが、村の中では普通に除草剤が使われるようになり、多くの草が絶滅に瀕しています。

草だけではありません。動物もそうです。田んぼの生きもの調査をする時に、「どういう生きものが、どれくらいいた方がいいのか」という「目安」がほしい、という意見に応えて、農と自然の研究所は「田んぼの生きもの指標一五〇種」を作成しました。かつてはどこにでもいた生きもので、今でもいてほしいと思う生きものを選んだものです。ところがこれらの生きものを絶滅危惧種にしている都道府県がどれくらいあるだろうかと思って調べてみて、

105	田の魚	目高	40
106		蚊絶やし	移入種
107		泥鰌	13
108		鯰	7
109		鮒類	10
110		鯉	1
111		たなご類	32
112	川の魚	もつご	7
113		田もろこ	5
114		川むつ	2
		沼むつ	9
115		うぐい	3
116		油はや	11
117		葦登り	11
118		かまつか	6
119		どんこ	7
120		おいかわ	1
121		すなやつめ	40
122	蛍	源氏蛍	19
123		平家蛍	14
124	かに・えび	藻屑蟹	9
125		沢蟹	9
126		アメリカざりがに	移入種
127		南沼えび	6
128		筋えび	1
129		横えび	
130	亀	臭亀	13
131		石亀	28
132		ミシシッピ赤耳亀	移入種
133	夏鳥	白鷺（大中小鷺）	38
134		青鷺	1
135		亜麻鷺	3
136		五位鷺	1
137		燕	3
138		けり	18
139	留鳥	雀	
140		嘴太鴉	2
141		軽鴨	
142		かいつぶり	6
143		鳶	3
144		こうのとり	14
145		朱鷺	13
146	冬鳥	真雁	29
147		大白鳥	10
148		真鴨	2
149		真鶴	12
150		鍋鶴	12

No.	分類	種名	絶滅危惧種に指定している都道府県数
1	蛙	お玉杓子	−
2		日本赤蛙	26
3		山赤蛙	16
4		殿様蛙	22
5		シュレーゲル青蛙	13
6		森青蛙	23
7		雨蛙	3
8		土蛙	17
9		沼蛙	2
10		牛蛙	移入種
11	土中の虫	揺蚊	
12		糸みみず	
13		線虫	
14		微塵子	
15		兜えび	移入種
16		豊年えび	
17		貝えび	
18	田の貝	丸たにし	27
19		スクミリンゴ貝	移入種
20		姫物洗貝	5
21		逆巻貝	（移入種）
22		平巻水まいまい	8
23	水中の虫	源五郎	46
24		ちび源五郎	
25		縞源五郎	16
26		姫源五郎	3
27		灰色源五郎	1
28		小縞源五郎	3
29		が虫	15
30		小が虫	9
31		姫が虫	2
32		小頭水虫	3
33		松藻虫	2
34		小水虫／水虫	6
35		太鼓打ち	6
36		田亀	48
37		水鎌切り	5
38		子負虫	33
39		血吸びる	
40	飴棒	姫飴棒	
41		飴棒	2
42		糸飴棒	15
43		芥子肩広飴棒	
44	とんぼ	やご類	
45		薄羽黄とんぼ	海外飛来
46	とんぼ	夏茜	3
47		秋茜	2
48		猩々とんぼ	2
49		のしめとんぼ	2
50		塩辛とんぼ	1
51		銀やんま	2
52		小鬼やんま	3
53		羽黒とんぼ	6
54		青紋糸とんぼ	6
55		黄糸とんぼ	5
56		アジア糸とんぼ	2
57		八丁とんぼ	34
58		蝶とんぼ	13
59	害虫	背白うんか	海外飛来
60		鳶色うんか	海外飛来
61		姫鳶うんか	（海外飛来）
62		こぶの螟蛾	海外飛来
63		稲水象虫	移入種
64		褄黒横這い	
65		稲苞虫	
66		稲青虫	
67		稲泥負い虫	
68		細針亀虫	
69		蜘蛛へり亀虫	
70		白星亀虫	
71		赤髭細緑霞亀	
72		赤筋霞亀	
73		南青亀虫	北上種
84	益虫	細ひらた虻	
85		青羽蟻型翅隠し	
86		肩黒緑霞亀	海外飛来？
87		大鎌切り	
88	ただの虫	菱ばった	4
89		稲子類	7
90		笹切り	3
91		草切り	1
92		けら	3
93		髭長谷地蝿	
94		跳び虫	
95	両生類・爬虫類	山かがし	11
96		縞蛇	
97		青大将	10
98		まむし	
99		赤腹井守	26
100	川の貝	川にな	2
101		ましじみ	16
102		どぶしじみ	2
103		石貝	20
104		どぶ貝	9

表2　田んぼの生きもの調査・対象種150種（生きもの指標）

驚きました。それが表2の中の「絶滅危惧種に指定している都道府県数」です。なんと、一五〇種のうちの九七種（約65％）が指定されているのです。もちろんこれは各都道府県の委員会が、科学的な外からのまなざしで調べて、決定しています。では、毎日田んぼを内からのまなざしで見ている百姓はこのことに気づいているでしょうか。

前にも一度紹介しましたが、あるとき、田んぼの生きもの調査を二〇人ほどの百姓と一緒にやったときのことです。六〇歳ぐらいの百姓が「太鼓打ちを三〇年ぶりに見た」と口にしました。そこで私はわざと「太鼓打ちの方は毎年あなたを見てきたのに、あなたが見向きもしなかっただけのことでしょう」とからかったら、彼は真顔でこう言ったのです。「オレは三〇年間、何を見てきたのだろうか」と。

私もショックでした。これは彼だけの問題ではないからです。生きもの調査をやった百姓の多くが「まだこんなに生きものがいたのか」と言います。「自然保護」や「生物多様性」はとても大切な思想ですが、外からの客観的な、科学的な見方だけでは、私たちの血肉にはなりません。何よりも日々の実感・経験に引きつけてとらえなければなりません。そして、昔からある日本的なそれに似た伝統につなぎ合わせることが大切です。

誤解を恐れずにもう一度だけ言っておきましょう。生きものの種数よりも（生物多様性よりも）生きものへのまなざしの方が大切なのです。自然や生態系を大切にするためには、何よりもみなさんの自然や生態系へのまなざしが必要だからです。

私たちの「農と自然の研究所」がやってきたことを要約すると、「百姓仕事によって育っている生きものたちを守ることも百姓の役割なんだ。それを消費者も我が事のように感じてほしい」ということになります。この役割を果たすためには、私たち百姓は、これからもまなざしを豊かにするように、百姓仕事に励むしかありません。国民と国家の応援を少しは期待しながら。

【付記】この章の西洋の「自然保護運動」と「環境倫理」については、鬼頭秀一『自然保護を問いなおす』（ちくま新書、一九九六年）や加藤尚武『新・環境倫理学のすすめ』（丸善ライブラリー、二〇〇五年）などを参考にしました。

第5章　自然の見方、感じ方

自然の見方、感じ方は一人一人ちがうのは当然です。また時代とともに変化していくのも当然のような気がします。しかし、昔から変わらない基準のようなものがあるのも事実です。どういう自然がいいのか、悪いのか。何が自然で、何が不自然なのか、考えてみましょう。

1　自然の見方

脳科学の難問

あなたが道端にたんぽぽの花が咲いているのに目をとめて「きれいだ」と感じたとします。これを脳科学では次のように説明します。「たんぽぽから出た光があなたの眼球を通過して、網膜にたんぽぽの像を結びます。その刺激を視神経が脳細胞に電気信号で伝え、脳細胞から心地よさを増幅する脳内物質が出て、それに反応した感覚中枢が興奮し、〈きれい〉という感覚を生みだすのです」。どうでしょうか。これが「きれい」と感じるしくみだそうです。「へぇー」と他人事みたいに思うでしょう。自分の脳内でそういう反応が起きているなんて、自分自身にはわからないので、コメントのしようがないでしょう。じつはこの説明にはかなり難点があるのです。

まず、その脳内物質がなぜ「きれい」という感覚を生み出すのか、つまり物質から心（感情や精神）が生まれるしくみが全然わかりません。

もう一つは、あなたの目の前のたんぽぽとあなたの脳が受けとった電気信号のたんぽぽは、ほんとうに同じものかどうか確かめようがないということです。あなたが「きれい」と感じたたんぽぽは、どちらでしょうか。たぶん目の前の方だと答えるでしょう。しかし、それは脳が確認してはじめて「きれい」と感じるのですから、脳内のたんぽぽかもしれません。「脳内のたんぽぽにきれいと言うはずないよ」とあなたは反論するかもしれませんが、脳内のたんぽぽがなければ、いくら目の前のたんぽぽを見ても認識できないのですから、簡単に決着はつきません。

これは科学では解決できない「心脳問題」あるいは「心身問題」と呼ばれている哲学の難

題なのです。しかし、何かあほらしい気がしませんか。たんぽぽと自分の脳を分けるから、こういう問題が生まれてしまうのです。これが科学の「自然N」のとらえ方のいちばん極端な例です。

「きれい」の正体

科学では「自然」とそれを見ている「人間」を分けてしまいます。これを「自然を対象化する」と言います。それから、自然を分析し始めます。「たんぽぽをきれいだと感じるのは、花弁の黄色の色と、八重になっている形と、すっと花茎が立ち上がっている形態が原因です」と言われても、何か興ざめですよね。「きれいなものはきれいだと感じる、それでいいんじゃない」と言いたくなりますよね。

小林秀雄さんは「薔薇(ばら)の美しさというようなものはない。ただ美しい薔薇があるだけだ」という名言を残しています(『当麻(たえま)』)。もともと私たち日本人は、自然をあれこれと分析することを興ざめなことだと感じてきました。ところが科学は自然を分析するために、対象とそれを観察する自分を分けてしまいます。薔薇をその色や香りや花びらの形に分解して、美をさがせばさがすほど、相手の薔薇は美しい薔薇ではなくなっていきます。薔薇そのものが美しいのに、と言いたくなります。

このように相手の生きものと自分を分けないことを「一元論」と言います。日本人の自然の見方、感じ方はもともとは「一元論」だったのです。

「たんぽぽがきれい」だと感じたときに、たんぽぽが原因で、あなたの心の中に「きれい」という感情が生まれた、と説明するのが「二元論」です。現代人は誰でも、この誘惑に乗ってしまいます。すっかり「自然N」の見方を身につけてしまったからです。それでは一元論ではどうなるのでしょうか。たんぽぽの花があなたに「きれい」という感情を引き起こしたのではなく、たんぽぽそのものが「きれい」なのです。「でも、きれいと思わない人もいるんじゃない」と言いたくなるでしょうね。そういう人にはたんぽぽそのものが「きれいじゃない」のです。だって人それぞれに好みはありますから。

「でも、悲しい気持ちの時に、たんぽぽを見て、気持ちが和らぐのは、たんぽぽが原因で私の心が変化したということでしょう」と反論するかもしれません。そう考えるのはすでに二元論にはまっています。たんぽぽを見つめるあなたとたんぽぽは一体となっているから、そう感じるのです。これが一元論のとらえ方ですが、この見方を私もみなさんも失おうとしています。

一元論の世界

なぜ、あなたはたんぽぽを「きれい」と感じたのでしょうか。たしかに、なかなか説明しにくいものです。一元論では「きれいなものはきれいだ」と言うしかありません。そこで一元論の世界に戻っていくために、たんぽぽを「きれい」と感じながら「見とれている」あなたを想定してみましょう。すっかりたんぽぽの花に見とれているあなたは、たぶん自分をも忘れて、花と同じ世界にどっぷり浸かっているのです。そうするとたんぽぽの方もあなたを見ているような気になります。そういうときには、自分も生きものだという感じになり、生がつながっている生きもの同士という感覚になっているのではないでしょうか。

たぶん「そんな気持ちで見とれているわけじゃないけど」と反論したい気持ちもわかります。無意識まで遡って思い切って言葉にしているのです。自分を「自然の一員だ」と感じている日本人が圧倒的に多いのは、（第3章で解説したことだけではなく）自然とつながっているような気になるときに、生きものとして生きていることの嬉しさが押し寄せてくるからではないでしょうか。

これは向こうからやって来るような感覚です。「受け身」の感覚ですから、自分から何かやるのではなく、次第に包まれていくような感じです。現代人は、二元論に馴染んでしまっているので、つい自然の価値や機能をさがしたりしますが、自然を眺めているときには、そういう気持ちは忘れているでしょう。

自然に近づき、自然と一体化すればするほど、人間であることを忘れることができます。先人の百姓たちはこの心境を「忘我」の境地と呼びました。私なら「人間も生きものだから、自然だから」と言いたくなります。この場合の自然とは、「自然N」であり「自然O」であるということです。私たちは自然に見とれるときに、自分の中の自然なものと融合させているのです。

受け身から能動へ

自然の花にひかれ、花に見とれるあなたの振る舞いは、とても自然なのです。なぜなら人間という生きものはそういうものなのです。この受け身の自然な状態や生きもの同士という感覚から、少しだけ身を引き離すと、相手の生きものを自分の鏡として見ることができるようになります。「花も人間の一生のようにやがては枯れるんだ」「あんな風に生きたい」「生きものには悩みがないように見える」というように自分を相手に重ねるようになり、生きものに人間の生きる手本を見るようになります。

さらに醒めて「我に返って」振り返るときに、自然に「救い」を発見することになります。よく自然に触れることを「自然を見ていると心が洗われる」「自然から癒される」と言うでしょう。これは現代的な現象です。受け身だったときの心境を振り返るときにこういう気持ちになりますが、言葉にすると自然は自分の外側に逃げてしまいます。

きれいなもの

自然の中の「きれいなもの」に目が奪われることも少なくありません。自然は「きれいなもの」に満ちあふれています。生きものそのものをきれい、美しいと感じるのはどうしてでしょうか。

みなさんは無意識に「きれい」と「美しい」を使い分けてはいませんか。本音で、直観で語る時は「きれい」と言い、少し改まった席で、よそよそしい時には「美しい」と言うのではないでしょうか。「きれい」は元からの日本語ですが、「美」とは元々は「立派だ」「見事だ」「かわいい」という意味で多く使われました。それが明治時代にビューティフル(beautiful)の翻訳語として「美しい」が当てられてから、きれいの意味と重なってくるのです。この辺は「自然N」の翻訳事情と似ています。

「きれい」は「きれいに耕してある」「掃除したからきれいになった」とも使います。整っている、乱れていない、という意味があります。逆に「きれいでない」とは荒れている、汚い、ということです。つまり自然を見て「きれい」「美しい」と感じるのは、荒れておらず、自然な感じであるという意味なのです。この話はどこかでしませんでしたか。そうです。

「自然は自然なのがいい」（91ページ）と似ていますよね。

2 風景は自然な方がいい

きれいな風景の基準

自然を「きれいだ」、つまり「自然だ」と意識するのは、何よりも風景を眺めたときではないでしょうか。みなさんはどういう時に風景を眺めますか。生きものを見つめているときには風景は見えません。私たち百姓も、仕事をしているときには風景は見ません。私が風景を眺めるのは、仕事の手を休めるときです。畦に腰を下ろして、一服するときです。なぜ風景を眺めるのでしょうか。たぶん「気持ちがいいから」と答える人が多いでしょう。私もそうです。

でも、なぜ気持ちがよくなるのでしょうか。「自然があふれているから」と答えたくなります。風景は天地自然がその姿を現すときです。「風景が目に飛び込んでくる」という感覚はありませんか。見ようとする前に、向こうから飛び込んでくるのです。まるでトンネルを出て、急に視界が開けてきたような感じに似ている時がありませんか。自分が見るという行為をしなくても、見えてしまうのです。この感覚が風景の醍醐味（だいごみ）です。

なぜなら主役は風景の方に（天地自然の方に）あるからです。私たち自身がいつも天地自然の一部だからです。そのことをつい忘れていて、ふと「気づく」と天地自然に囲まれているのです。その「気づいた」時の天地自然の姿が風景なのです。これが私たちのありふれた日常の風景というものです。

ですから、すぐに忘れてしまいます。昨日見た風景で思い出すことができるものは、ほとんどないでしょう。それでいいのです。

ところが旅行すると、事態は一変します。普段は見ることがない、他所（よそ）の目新しい風景が目に飛び込んでくるからです。新鮮で、発見があります。昔から「風景は旅行者が発見する」と言われてきました。しかし、毎日毎日、旅行者のように目新しい風景を目にするなら、それは通常ではありえないことであって、すぐに疲れ果ててしまうでしょう。じつは風景はありふれた在所の風景が一番いいのです。自分が生きている世界を内側から見て、味わっているからです。このようにありふれた風景は特別でなく、自然な感じがするから、意識せずいいものなのです。

殺風景

「殺風景」とは、面白い言葉ですね。これは中国の漢語を輸入したものだそうです。風景を殺すとはただならぬことでしょう。

福岡県でも八女(やめ)市星野村に実に石垣が美しい棚田があります。ところがこの棚田の上に送電線の鉄塔が建っていました。これが「殺風景」だと批判され、移設されました。棚田の石垣も鉄塔も人間がこしらえたものですが、なぜ鉄塔は風景を殺すのでしょうか。二つの答え方ができるでしょう。まず、この鉄塔だって、建てられるときには目新しい近代的な風景として登場したのです。山奥のダムから都会に電気を送る文明の使者の姿で現れたのです。しかし、現代では「なにもこんなところで見たくない」と多くの人が(とくに旅行者は)思うようになりました。「こんなところ」とは自然がいっぱいのところ、ということでしょう。石積みの棚田は、自然に見えるのです。この場合の自然とは、自然な自然、つまり「自然N&O」の意味です。

人間が天地自然の一員であり、人間の営みも天地自然の一部になっていた時代の棚田なのに、人間が天地自然から抜け出て、工業的にこしらえた鉄塔は合わない、自然な風景を殺しているという感覚は、新しく生まれたものです（これは近代化批判の感覚と呼ばれています）。

「伝統的な町並み保存地区」という言葉を聞いたことがありませんか。全国各地で、江戸時代、明治時代の名残を残した町並みや建造物が「保存」の対象になり始めたのは、一九九〇年頃からです。

それは近代化というものが、あまりにもそれまでの伝統的なもの（前近代の形）を破壊し過ぎたことが、誰の目にも見えてきたから始まったのです。近代化は風景を殺すものだったのです。

風景の中の自然

鉄塔のような新しい大きな人工物なら、すぐに気づきますし、違和感を覚えるような時代に私たちは生きています。しかし、棚田が決して人工物に見えないように、普段の私たちは、人工物を意識的に探して区別しているでしょうか。

旅行者になってみましょう。目の前に山頂に雪をいただいた高い山がそびえています。麓には、緑豊かな森が広がり、更に手前には田植えしたばかりの田んぼの風景があり、ゆるやかな風が渡っています。さて、どこまでが自然で、どこからが百姓が手を入れて改造した森林や農地だと区別するのでしょうか。少なくとも日本人にそういう感性や習慣はありません。「すべて自然な風景だ」と言うしかありません。こんな時に、厳密にどこまでが人間の手が入った自然かなどと考えていたら、風景を堪能することはできません。

しかし、その風景の一部に高速道路のガードレールが入っていたら、どうでしょうか。目をそらしたくなるでしょう。このように私たちははっきり自然と区別できるものと、できないものがあることを知っています。田畑は自然と区別しませんが、鉄塔や高速道路は区別します。

ところで広々とした長方形の区画に整備された田んぼをどう思いますか。私は狭くて曲がった田んぼに馴染んでいるので、あまりきれいだと思いません（むしろ不自然だと思います）が、若い人はこちらの方がきれいだ（自然だ）と言う人も少なくありません。

どうやら、自然と非自然（人工）を区別する基準は、その風景が「自然か、不自然か」ということのようです。人の手が入っていても、それが不自然でなく自然な感じであれば自然に含ませても違和感がないのです。これは日本人の自然の見方で、とても大切なことです。

しかし、こんな曖昧な基準では、個人差が大きすぎて、自然を守る基準としては困りものです。そこで、科学ではこの不自然ではない基準を「生物多様性」や「持続可能性」や「物質循環」や「エネルギー収支」などで、計ろうとしますが、うまくいっていません。なぜなら私たちの実感や感覚とつながらないからです。

そこでもう一つの方法は、私たちの不自然だと感じる感性を鍛えて研ぎ澄ますことです。しかし、これも簡単ではありません。なぜなら不自然なものが日増しに増え続けているからです。

3　本能でないとすれば、何なのか

ところでみなさんは、なぜ不自然な自然が嫌いなのでしょうか。自然な自然が好きなのはなぜでしょうか。

私たちの先祖が自然界で生き延びて、これだけ繁栄したのは、自然の生きものの行動や性質に敏感にそして適切に対応できるように進化してきたからでしょう。自然界のことに注意を向けるのは人間の本能であることはまちがいないと思います。しかし、その本能を超え、本能に反するようなこともやるようになりました。それは七万年前から五万年前に人類に生じた「認知革命（意識のビッグバン）」と呼ばれる大変化によるものです。その頃になると、遺跡から、前の時代とは大きく違うものが発掘されるのです。石器のつくりが急に精巧になり、狩猟の技術が格段に向上したと判断される鳥獣の骨や狩猟用具が出土し、舟やランプが発明され、装身具が普通に用いられるようになり、そしてシンボルとしての意味を持つ絵や彫刻などの芸術品が現れ、墓には様々な副葬品が入れられるようになりました。

たぶん遺伝子に突然変異が起こり、新しい言語と考え方が生まれたからではないか、と言われています。経験や工夫や考えを伝えて共有する大きな社会が生まれたのです。さらに最も大きな変化は、遺伝子や環境が同じなのに、これ以降は新しい文化がどんどん加速度的に生まれ、しかも地域によって多様化していくのです。つまり本能をはるかに超えた行動をするようになり、それを他の人や子孫に伝えることができるようになったのです。これ以降、この文化を持った人類（ホモ・サピエンス）はアフリカを出て、世界中に広がっていくことになりました。

現代人と同じ感覚

考古学者は、この時代の遺物をみて「私たちと同じだ」と感じるそうです。ものの感じ方と考え方、表現の仕方が、現代人に引き継がれているからでしょう。たとえば、体は人間なのに頭がライオンの彫像を発掘したら、みなさんもそう思うにちがいありません。

この七万年前から五万年前までの「認知革命」によって、私たちの先祖は花をきれいだと感じるようになり、自然に見とれ、自然に感謝し、自然を恐れ、自然への信仰が生まれたと思われます。美意識が生まれ、自然観ができてきました。したがって、私たちは経験を積み、家族や地域の仲間からいろいろな知恵を伝承されることによって、多様な文化をつくってきたのです。遺伝子は同じなのに、自然に向き合う態度も人それぞれで、地域や国によって大きくちがうのはこのためです。親しんだ自然の生きものは身近に感じ、怖い思いをした生きものとはなかなかなじめません。

しかし、ひょっとするとこの「認知革命」によって、私たちは自然に生きることが苦手になったのかもしれません。その結果、自分の身体の中の自然らしさが衰え、自然の生きものを手本にしなければ自然に生きていくことができなくなったのかもしれません。本能よりも経験の比重が増して来たのです。

自然が好きなのは仮に本能だとしても、ある人にとって、赤とんぼは好きで、蛙が嫌いなわけは説明できません。進化論では人間が自然に引きつけられるのは説明できますが、なぜ自然が好きなのかは説明できません。つまり自然に無意識にまなざしが引きつけられるのは本能ですが、自然を無意識のうちに選別しているのは、あなたの経験の蓄積によるものです。

回り道をしてしまいました。私が言いたいことは、「自然か、不自然か」は本能で行われるのではなく、あなたが意識的であろうと無意識であろうと、経験的にあるいは伝えられて蓄積した美意識・美感で判断するものなのです。だから、鍛えて、研ぎ澄ますことができるのです。

4　私たちは何を身につけているのか

このように経験や伝承が大きな影響を与えるとするなら、百姓と都会人では自然観が異なるはずですし、大人と子どもでも異なるはずです。

若い世代との断絶？

四〇歳代の頃、私は福岡県農業大学校で百姓になろうとする学生に農業を教えていました。そこで四二名の学生に、「赤とんぼを好きか、嫌いか、何とも思わないか」と尋ねたところ、

①好きだ。　六名
②何とも思わない。　二五名
④嫌いだ。　三名
⑤わからない。　八名

という結果でした。私は驚き、そして考え込みました。その後、百姓の青年たちに同じ質問をすることもありましたが、同じような回答比率でした。ところが、私たち世代（六〇歳以上）の百姓に尋ねると、ほとんどの百姓が「好きだ」と答えます。どうして、こんなに違うのでしょうか。なお福岡県などの西日本の赤とんぼは「薄羽黄とんぼ」（地方名精霊とんぼ、盆とんぼなど）が圧倒的に多く、東日本に多い赤とんぼ（秋茜など）とは別の種類です。

考えられる原因はいくつかあります。

（1）赤とんぼが昔よりも減ってしまって、触れあう機会が激減した。
（2）農業も近代化され、百姓も赤とんぼが自分に寄ってくるような仕事をしなくなって、赤とんぼに対する情愛がうすれてしまった。
（3）まだ、青年たちには赤とんぼと接した経験が決定的に少ない。
（4）そもそも、現代の青年たちは、子どもの頃から、外で生きものと遊んだ経験が少なくなってしまっている。
（5）赤とんぼの物語を父母や祖父母から聞いたことがない。
（6）赤とんぼに季節を感じる習慣がなくなった。
（7）生きものに自分の人生を重ね合わせる習慣が衰えた。

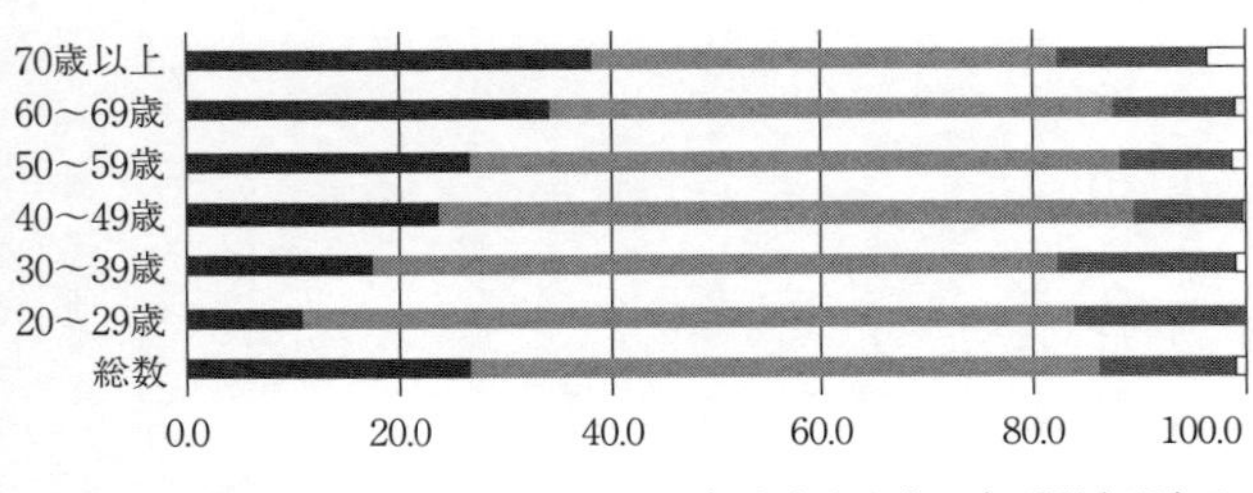

図7　自然への関心の程度
（2006年内閣府世論調査）

世論調査

これは、「自然についての関心の程度」を尋ねた世論調査（上の図7）でもはっきりしています。もちろん全体としては、自然への関心は衰えてはいないのですが、その内容には大きな変化が現れています。（ア）非常に関心がある、という回答が若くなるほど減っています。外から見た自然への関心はあるが、内からのまなざしによる自然への関心は弱まっていると言えるでしょう。

世代間の変化ではなく

たしかに自然に対する感覚に、大きな変化が生じているような気がします。31ページのお玉杓子（オタマジャクシ）の死に対する感想にも、年寄りの百姓と若い百姓ではかなりの違いがありました。この違いの原因は、自然体験が多いか少ないかが最も大きいと思われます。したがって、これからは「百姓なら誰でも赤とんぼが好きだ。なぜなら田んぼに入ると寄ってくるからだ」とは、言えなくなるでしょう。百姓であれば、ほとんど例外なく田んぼの中に足を踏み入れて、草とりをする時代ではなくなり、ほとんどの百姓が除草剤に頼っているからです。

あるいは、農家の子どもだって、農業体験学習やイベントで生まれて初めて田植えを体験する子どもの方が圧倒的に多い時代になっています。かつては親の手伝いをしながら、田んぼや小川で遊び、目高や源五郎や蛙を捕まえて遊んでいた田舎の子どもたちも、家でコンピューターゲームで遊ぶ時間が多くなっています。

これは、世代の差というよりも、時代の変化なのです。残念ながら、子どもの頃に農業体験があるかどうか、自然の中で遊んだかどうかが、大人になってからの「自然観」にどのように影響を与えるのか、ということはあまりわかっていません。でも、私はみなさんに奨めたいのです。野外で動物でも草花でも、生きものと出会い、「何という名前かな」と思う体験は楽しみになります。そして次には名前を覚えて、名前を呼ぶことができるようになることは、一度味わうと習慣になっていきます。生きものの名前を呼ぶことこそ、「自然観」を豊かにする秘訣(ひけつ)です。

ですからじつは「農業体験」とは、決して「農作業体験」ではなく、身近な「自然体験」なのです。とりわけ、ほとんどの「田植え体験」が「手植え」で行われているのはどうしてでしょうか。現代ではほとんど田植機で植えているのにもかかわらず、「手植え」を体験させるのは、そうしないと自然に直接触れることができないからです。

わが家の田植えに、都会からやって来た子どもが、裸足(はだし)で田んぼに入ると「どうして田んぼには石ころがないの」「田んぼの土って、上の方は温かいのに下の方はひんやりする」「このぬるぬるした感じは何なの」などと、「土」という自然に触れて、すぐに土が生きていることを感じてしまうことに私はいつも驚きます。

こうした体験を大人はとくに百姓は、田舎や都会の子どもたちに提供することも、農業の役割になってきたことを自覚してほしいものです。なぜなら田畑は身近なつきあいやすい最大の自然であり、百姓はそのつきあい方のプロなのですから。

5　何を、どこで、誰から獲得してしまったのか

生きものの名前

最近では、生きものの名前をカタカナで表記するのが一般化しています。これはあまりいいことではありません。名前を単なる記号と見なしている学者や学会の習慣を国民全体に広げようとしています。

名前には、名づけた人の気持ちとまなざしが表れています。メダカと書くと単なる記号ですが、目高と書くと、目が高い（上にある）魚という意味が伝わってきます。田んぼにいるツマグロヨコバイは「褄黒横這い」という意味があるのです。翅(はね)の先が少し重なるのを着物の褄(つま)（裾）に見立てて、そこが黒く、しかも横に這(は)う虫という意味なのです。「トビイロウンカ」という稲につく最大の害虫も「鳶色（鳶という鳥の羽色）の雲霞」という意味です。ある日突然、雲か霞のように現われる（実は一九七〇年代になって初めて、中国大陸から飛来していることが明らかになりました）虫だという感覚がよく表現されていますが、カタカナではわかりません。しかもカタカナ書きにすると、意味がわからなくなります。

名前はもともとそれぞれの村で名づけられたものが多かったのですが、明治時代に日本という国民国家が誕生すると、標準語（日本語）が東京の山の手で話されていた言葉に合わせて定められます。それが全国各地の小学校の国語の教科書で教えられてきました。

しかし、生きものの名前が「標準和名」に統一されるのは、戦後のことで、それも昭和四〇年代になってからです。なかなか地域土着の言葉（方言）はなくなりません。この価値を学者もわかってほしいものです。

生きものの名前は当然ながらまずは地域語（方言）でつけられます。生活と切り離せないからです。「盆とんぼ」という名前は盂蘭盆（旧暦で七月一五日）の行事がないところでは生まれようがありません。盂蘭盆の頃一斉に飛び立つ（羽化する）とんぼなのですから。

まなざしを伝えられている

漁村では、海の生きものの名前がいっぱい伝えられますし、山村では山の生きものの名前がいっぱい使われています。「あけび」や「むべ」という植物の名前を習ったのは、その実を採って食べるときでした。当然「あけび」の実の探し方、葉っぱの見分け方、そして食べ頃の見方、食べ方と味が経験として伝えられています。「あけび」や「むべ」の実がなる明るい森の雰囲気も甦ってきます。

目高や鮒や泥鰌や井守や殿様蛙の名前を覚えたのも、田んぼや横の小川でつかまえて遊んだ経験があるからで、その時に一緒に遊んだ上級生からつかまえ方と一緒に名前を習ったような気がします。みなさんはどうですか。

私たちが生きものの名前を呼ぶことができるのは、名前とともにその生きものへのまなざしを身につけているからです。このまなざしは、狩猟採集と農業によって深まったのです。それをたどってみましょう。

6　農耕は、狩猟採集時代の天地自然観を引き継いでいるのに

縄文時代の自然観

現代の私たち日本人の直接の先祖のホモ・サピエンスは、近年のミトコンドリアＤＮＡなどの研究で約二〇万年前にアフリカの一女性から生まれたことが明らかになっています。その後、七万年前から五万年前の「認知革命」を経て、世界各地に広がっていきました。そして当時は陸続きだった日本列島にやって来たのは、四万五〇〇〇年ぐらい前だと思われます。その前にこの列島にホモ・サピエンス以外の、どういう人類がいたのかはよくわかっていません。現在、日本で一番古い旧石器時代の遺跡は、約四万年前のものです。

時代区分		年	栽培され始めた種	その他のできごと	人口
旧石器時代		1万6000年以前	瓢箪		1万人
縄文時代	草創期	1万6000年前	麻、漆、荏胡麻、稗	土器を使い始める。定住	
	早期	1万2000年前	油菜	貝塚。温暖化	2万人
	前期	7000年前	栗、大豆、小豆、牛蒡		11万人
	中期	5000年前	小楢、山椒		26万人
	後期	4000年前			16万人
	晩期	3000年前	稲、粟、黍、麦類、彼岸花	塩の製造。寒冷化	8万人
弥生時代早期		2900年前	水稲、梅、桃	寒冷化	
弥生時代中期		2000年前		57年倭国王、後漢に朝貢	59万人

表3　古代に栽培された植物

小畑弘己『タネをまく縄文人』、工藤雄一郎編『縄文人の植物利用』などより作成

その後縄文時代が一万六〇〇〇年前から始まりましたが、それは縄文土器が現れ始める年代であって、狩猟採集はその前から行われていました。しかし、明らかに縄文土器の過剰とも思える装飾や土偶や漆器や首飾りなどを見ていると、実用を目的とはしていない精神性を感じます。私たちと似ていると感じるところがいっぱいあります。

私たちの自然観から、農耕の自然観を差し引くと、狩猟採集時代（前期縄文時代）の自然観が残ると思いますか。それは無理な話です。なぜなら農耕の自然観とは、狩猟採集の自然観を土台にして、さらに深めたものだからです。ところが農耕の自然観自体がたいして表現されることもなく、引き継がれることも危ぶまれているぐらいですから、事態は深刻です。そこで、農耕の自然観をさらに掘り下げて考えてみましょう。

縄文時代に農耕は始まっていた

縄文時代にすでに農耕は始まっていたということが近年の発掘調査で、次々に明らかになっています。まず栗や漆が集落の周りの森に植えられました。その後大豆や小豆が、たぶん焼き畑で栽培され始めます。つまり狩猟採集をしながら農耕もやっていたのです。弥生時代になっても、栽培された植物よりも採集した木の実をたくさん食べています。ということは、縄文時代の狩猟採集生活から、弥生時代の農耕生活に一変したという歴史観はまちがっていたのです。

しかも、稲も縄文晩期の遺跡から次々に見つかっています。湿地や畑で栽培されていたものと思われます。たしかに水稲という作物が、水がちゃんと溜(た)まる場所としての「田んぼ(水田)」で栽培され始めるのは弥生時代からです(いや、水稲を栽培し始める時代を「弥生時代」と呼び始めたのですから、当然のことでしょう)。こうなると、縄文人も弥生人もともに狩猟採集と農耕の両方をやっていたということになります。ちがいは「田んぼ」のあるなしだけ、ということになります。

縄文時代の農耕で変わったこと

狩猟採集の生活に、新たに農耕（栽培）が少しずつ加わっていくと、縄文人の自然への関わり方（見方、感じ方、つきあい方）はどう変わっていったのでしょうか。百姓としての見方を話してみましょう。

（1）それまではひたすら受け身で天地のめぐみを受けとってきた人間が、その天地に手を入れなければならなくなった意味は大きかったでしょう。種を播き育てて、そして食べることによって、その作物を身近に感じるようになります。情愛が強くなるのです。実だけを、あるいは葉だけを採集していたときよりも、その作物の一生を見守ることになります。その作物が生きものだということを実感できるのです。芽生え、葉が出て、伸びて、花が咲き、そして実がなる、という体の変化を「命の生長」と感じることになります。

（2）「生きもの同士」という感覚が深まっていきました。たぶん、それらの生きものに縄文人は話しかけていたにちがいありません。「今年も、元気に育ってくれよ」と人間から願うだけではなく、相手の身になって励ますようになったにちがいありません。

（3）同時に季節の変化に今まで以上に敏感になってきました。それまでも季節の変化は気温や太陽や月の様子によって、おおまかにはつかまれていましたが、種子を播き、水をかけ、穫り入れる時期は、身近な草木の開花や稔り（みの）によってつかむようになりました。また、種を採るためには「花」が咲いて、受粉しなければなりません。それまで以上に「花」に目が引きつけられるようになったにちがいありません。花を飾ることも始まったと思われます。

（4）栽培は焼き畑や、村の内外の畑で行われました。そこの森は切り払われ、明るい草原が開けます。草の種類が増えてきます。しかも、農耕の最大の特色は、毎年毎年同じような生きものが生をくり返すようになります。同じ風景がくり返されるようになります（生態学では攪乱（かくらん）によって遷移が止まる、と言います）。この身近な自然に、安心と安堵と持続性を感じるようになりました。

（5）「栽培法」の工夫も始まります。それまでの「なる」「採る」「いただく」から、同じ受け身とは言え「できる」「穫れる」という感覚に変化します。より、能動的になっていくのです。その結果、自然への働きかけ（手入れ）は深まります。今で言う「品種改良」も行われました。縄文中期に大豆や小豆の粒の大きさが倍になるのは、その表れでしょう。また優れた手入れは、村の内外で交換、共有、普及していきます。天地への感謝が強くなります。

（6）田んぼや畑では、毎年同じ草が生えるようになり、食べられる草は食べるようになり、邪魔になる草は草取りするようになります。作物には毎年同じ虫（害虫や天敵など）が発生するようになり、鳥獣たちも収穫物を狙って集まり、追い払わねばならないことも生じてきます。生きものとの緊張関係も日常的なものになりました。

（7）作物の貯蔵と加工に対する工夫もさまざまに試みられるようになります。とくに種子を採って、翌年まで保管する仕事の大切さが身にしみるようになります。繊維をとる作物が栽培され、衣服や籠が美しく織られ、編まれることになります。

（8）そして、天地への感謝は、天地へ向けて、届けるための祭りが始まります。祭りは、まず収穫物の穫り入れの後に行われたのではないでしょうか。つぎに種まき前に行われたでしょう。とにかく収穫が豊かであろうと貧しかろうと、実りをもたらした天地に感謝し、次いで安定した天候を祈るのです。現代人はすぐに祈願、つまり願いますが、願うというのは少しばかりは人間の思い通りになるかもしれないという期待が込められているからですが、祈るのは、天地に決定権があるという、人間の欲望がない状態を指しています。

水田稲作は革命的だった

縄文時代の歴史の中で、本格的に栽培が始まったのは約一万年前と言われています。縄文人は、少しずつ少しずつ栽培の知恵と、農耕の感覚を身につけていったのです。しかしそうは言っても、やはり弥生時代を告げる「田んぼ（水田）」の登場は画期的なものでした。それも完成されたやり方が、完成した木製の農具とセットで、中国から朝鮮半島を経由して、もたらされたのです。唐津の菜畑遺跡や福岡市の板付遺跡には、復元された約二九〇〇年前の田んぼがありますが、ほとんどわが家の田んぼと変わりはありません。水路があり、田んぼに水を引く堰（せき）があり、田んぼも狭いながらも平らに耕されており、畦も崩れないように木枠で補強されています。以前、両遺跡にわが家で育成した赤米の種子を分けてあげましたが、赤い稲穂がたなびく様は、わが家の田んぼと瓜（うり）二つでした。

しかしこのような画期的な「農法」を受け入れるためには、縄文農耕つまり焼き畑や村の周りの畑での栽培や、村の近くの湿地で行われていた「縄文稲作」の経験が役立ったのではないでしょうか。「なるほど、水を大規模に、計画的に、かければいいのか」というような感覚で受けとめたのではないでしょうか。

弥生時代からの自然観

ここでは話をわかりやすくするために、弥生時代になって、田んぼ（水田）で稲作が始まったことが自然観にどういう影響を与えたかを考えてみましょう。

（1）まず、それまであまりいなかった生きものが増えてきました。赤とんぼ、蛙、源五郎、太鼓打ち、蛍、田亀（タガメ）、目高、泥鰌、亀など、田んぼの水の中で生きている生きものたちです。さらにそれを食べる動物たちも増えてきました。蛇、燕（ツバメ）、鷺（サギ）、井守などです。

人間の手が入った自然が現れたのです。その自然は安心してつきあえる自然です。なぜならば、身近に生きている生きもののほとんどが、毎年毎年顔を合わせる生きものだから、その性格もよくわかるようになりました。

（2）新しい風景が生まれました。代掻き・田植えが終わると広々とした水面に「水鏡」が現れ、空や山を映し出すようになり、夏は一面の稲に覆われ、冬は草原になる田んぼの風景が現れたのです。これは現代にまでつながっています。夏には赤とんぼが群れ飛び、鷺や鸛（コウノトリ）や朱鷺（トキ）が舞い、夜には田んぼ一面に蛍が輝き、冬の田んぼには白鳥や雁（ガン）や鶴が舞い降りる風景が登場しました。

つまり季節の変化を読み取る合図が増えました。それまでは単に生きものの変化に過ぎなかったものが、仕事の準備を知らせる合図になったのです。「桜が咲いたぞ、種を浸けよう」「蛙が鳴いたぞ、隣の村では田植えが始まったな」「彼岸花が咲いたから稲刈りの準備にかかろう」という塩梅（あんばい）です。

（3）身近に水辺が徐々に増え、村のまわりに水路がつくられ、飲用や煮炊き、洗濯、子どもの遊びなどで水の利用が簡単にできるようになりました。ただその反面では、水に関わる恐ろしさ（洪水や干魃）が身に沁みるようになりました。こうして水とのつきあいが大きな関心事になりました。

（4）水をためる田んぼはかなり特殊なものですが、畑とはちがって「土」と「水」とが混じり合うことから、いろいろなものが生まれることに気づきました。「土」へのまなざしが深まり、土が天地のもう一つの母体となっていきます。「土ができる」ということは、天地自然を豊かにすることになりました。たぶん「あめつち」という言葉は水田稲作によって生まれたのでしょう。

（5）田んぼを拓き、水路を引くには、共同作業が必要になります。こうして田んぼと水路は村という共同体の力を表したものとなり村の財産となりました（江戸時代までは、百姓が農業をやめて村を出るときには、田畑は村に返さなくてはならない掟がありました）。

（6）太陽の神さま、稲の神さま、田んぼの神さま、水の神さま、土の神さま、風の神さま、雷さまなどの神さまが次々に生まれてきました。祭りも盛大になってきました。祭りで使われたと思われる銅鐸には主に田んぼの生きものが描かれています（とんぼ、蛙、井守、蛇、鎌切り（カマキリ）、蜘蛛（クモ）［あるいは飴棒（アメンボ）］、亀、すっぽん、蛇、猪（イノシシ）、鹿などです）。

7　自然に包まれ、自分を忘れる幸せなひととき

百姓が産み出した最大の財産

江戸時代までは農民（百姓）が日本人の大多数でした。江戸時代の後半でも百姓は約85%、商人や職人が5%、武士が7%ぐらいです。百姓と百姓でない人の比率が逆転するのは、明治時代の後半のことです。私が生まれた昭和二五年でも、農家人口は国民の45%でしたし、農業従事者（百姓）は22%を占めていました（現在では3%です）。百姓の自然観がそれ以外の日本人に影響を与えなかったはずがありません。そこで、私が大胆に推測して、百姓の生み出した「自然観」で、百姓以外の人にも大きな影響を与えたものを二つだけ取りあげてみました。

一つめは、自然に抱かれる方法と習慣です。この習慣は、これまでしっかり説明してきましたが、百姓以外の日本人にも伝わり影響を与えました。

みなさんは「自然が好きだ」という言い方と「自然にひかれる」という言い方はどこが違うか、もうわかりますよね。「好きだ」と言うときは、あなた自身が主人公になって主体的に気持ちを表現しています。一方の「ひかれる」のは、あなたは受け身になっていて、自然があなたを動かしているような感じです。私たちはこの両方の感じ方を天地自然に対して持つようになったのです。

とくに百姓が強く持っていたのは「ひかれる」方です。相手の生きものとの垣根がなくなっていき「生きもの同士」の感覚になっていくのです。江戸時代の元禄期に加賀の国の職人の娘、千代女が詠んだ俳句があります。

「朝顔や　釣瓶(つるべ)とられて　もらい水」

西洋人には、「井戸が故障したわけでもないのに、水をもらいに来られては迷惑なことだ」という感想が少なくないのには驚きます。井戸から桶(おけ)で水を汲(く)むための釣瓶に蔓(つる)が巻き付いて、朝顔が花を咲かせている。見とれてしまって、邪魔だと取り除くことができない。そこで、隣の家に水をもらいに行った、というのです。この朝顔への情愛は、百姓の情愛と同じものではないでしょうか。

現代人のように自然を外から見る習慣が強くなっても、自然の魅力は失われません。一方で、自然の中で過ごしていると、あなたは自然の一部になって、自然の中の生きものとなって、自分を忘れてしまうこともあるでしょう。そして、ふと我に返ったときに「あっ、自然に包まれていたんだ」と感じます。こういう感覚は百姓なら日常茶飯事ですが、誰も書いたり話したりはしません。ただ生きものに見とれたことは、加賀の千代女のように表現するのです。たぶんこの感覚は農耕が蓄積してきた感覚や経験、つまり百姓の自然観というものの影響にちがいありません。

時を超える

もう一つは時を超える生き方です。

「生きかわり　死にかわりして　打つ田かな」

私が大好きな村上鬼城の俳句です。昔は、田んぼを開墾した百姓には、その労力に見合うめぐみがもらえるかどうかを考えることはありませんでした。ひたすら力をふりしぼって、田んぼを拓いてきたのです。天地自然のめぐみを受けとめるためです。そして、そのめぐみは、時を超えて子孫に及ぶからです。現代のようにその年で収支を計算するような感覚はありませんでした。

先祖は田畑という贈り物（送りもの・形見）を残しましたが、子孫はそのお礼を、先祖の気持ちを引き継ぐことで果たそうとしたのです。それは時を超えて耕し続けることです。先祖の思いはこうして受け継がれてきたのです。

もちろんお礼は先祖だけでなく、天地にもしなければなりません。感謝の念を表現し伝えるために、天地の名代として、様々な神さまが生まれたのは当然でした。神さまは生まれてしまうと死ぬことがありませんから（忘れられることはありますが）現代にも引き継がれています。

こういう昔の百姓の生き方をしっかり見ていたお坊さんがいました。越後で寺も持たず、百姓と交わりながら、一人で暮らした良寛さんは、まるで百姓の感覚に似た辞世の歌を詠んでいます。

「形見とて何か残さん　春は花　山ほととぎす　秋はもみぢ葉」

自分は百姓のように田畑を形見に残すことはできないが、せめてこの村で親しんできた四季を織りなす自然を残していこう、と最期に歌ったのでした。私たち人間はいずれ死んでしまいます。しかし、日々働きかけた天地自然は時を超えて残るのです。死後も変わらない天地自然が残るという、これほど死んでいく人を安心・安堵させるものがあるでしょうか。

この「変わらない自然」という感覚こそが、百姓が紡ぎ出した最大のものだと、私は確信しています。

第6章　自然の新しい見方は始まっている

ありふれた自然は新しい語り方を待っているような気がします。自然の生きものたちは何かを伝えたいと訴えているような気がします。それは、現代社会が捨て去ろうとしているまなざしでしかつかめないのではないでしょうか。それを生きものに成り代わって、表現してみましょう。

1　外から見た自然と、内から見た自然のちがい

自然に任せていいいか

最近とても頭を悩ませていることがあります。わが家の田んぼの苗代で井守が増えすぎて、殿様蛙の卵を食い尽くしてしまうのです。以前は一〇匹ぐらいだったのが、もう一〇〇匹を

超えています。三年前に一大決心をして、井守を全部捕まえて、田んぼの横を流れている川に移しました。ところが、一週間もすると元に戻っていました。2メートルの川岸の石垣を登るのはわけなかったのでした。そこで、しかたなく殿様蛙の卵をザルに入れて孵化するまで水の中で保護することにしました。ここからがほんとうの悩みです。

これはとても不自然です。しかし、自然に任せるわけにはいかないと私は感じたのです。なぜなら殿様蛙が可哀そうだと思ったからです。それまでは毎年ちゃんと卵を産んで、少しは井守に食われながらも、お玉杓子が二〇〇匹ほど生まれていましたから。しかし、自然は年々変化（遷移）するのも自然でしょう。ここに人為を意図的に加えるのは、正しいことでしょうか。とても悩ましい問題です。

蛙を殺してもいいのか

同じようなことは、百姓しているとしょっちゅう生じてきます。最近の草刈りはエンジン付きの「刈払機」を肩にかけたり、背中に背負って、円盤状の刃を回転させながら草を刈っていきます。仕事を急いでいるときなどは、よく蛙やミミズを切ってしまいます。友人の生態学者ともう一〇年以上も前に計算をしたことがあります。この草刈り機によって蛙を切り殺すのは、自然破壊になるかどうかを確かめるためです。まずその田んぼの蛙を数えます。10アール（1000㎡）に九〇〇〇匹あまりでした。次に切り殺す蛙を計算します。その年は三匹でした。

友人の生態学者は断定します。「九〇〇〇匹の中の三匹を殺しても、翌年の蛙の密度には影響はないよ」と。しかし私は「蛙を三匹ぐらいは殺してもいいんだ」と納得することはできませんでした。たしかに外からの科学的な判断ではそうかもしれませんが、私の心の声は、「いやだ」と、それを拒否します。この声こそが、私がこれまでの人生で育んできた感性・感覚なのです。

たしかに草刈り機で蛙を切るのは、仮に切るまいとしていても不自然です。しかし「自然に影響はない」という科学的な判断も不自然です、同じ不自然なら、蛙を殺すまいとして立ち止まるささやかな不自然を私は選びます。

2　農とは、自然に対してどういうことをしたのか

もろい自然

たしかに百姓は自然をつくりかえました。その結果生まれた田んぼや畑は、それまでの自然とは違う、新しい自然が出現したといっていいでしょう。田んぼを拓くことによって、それまでは珍しかった赤とんぼや源五郎や蛙や目高が増えてきて、毎年いつも目にすることができるようになりました。自然を身近にして、つきあいやすい自然にし、変わらない自然にしたと言っていいでしょう。もちろん「元々の自然（原生自然）」を変えてしまったのですから「自然破壊」だという言い方もできないことはありません。しかし、私たちは「元々の自然」を知りません。私たちにとっての自然とは、こういう身近な自然なのです。こういう百姓が手入れを続ける自然をこそ、守ることが重要です。

よく「田畑は単一の作物ばかりが栽培されているので、生物多様性がない」と真顔で言う人がいます。田畑を外から見るとそう見えるのです。内から見るとじつに様々な生きものが

田畑で生きています。これらの生きものへのまなざしをもっと豊かにしないと「農業は自然破壊である」という批判に反論できません。この農業がつくりかえた自然はとてももろいものです。百姓が手入れをやめたらすぐに壊れてしまいます。いや農業のやり方を変えただけでも壊れてしまいます。

茅(かや)ねずみの親子

ずいぶん前のことですが、早く穂が出て、九月には稲刈りできる早生(わせ)の品種を、おいしいよと友人に勧められて栽培してみました。ところが稲刈りの時になって、重大なことに気づいたのです。茅ねずみは秋になると、稲の葉を丸めて巣をつくり、中に子を産みます。普通の品種を稲刈りする一〇月にはもう巣立っていて、中は空です。ところがその早生の品種を九月末に刈りながら、茅ねずみの巣を見つけたので中を覗(のぞ)いてみました。なんと小さなまだ生まれたばかりの子ねずみが一〇匹ほどうごめいていました。

その巣をそっと畦の草の上に移して、稲刈りを終えましたが、二日後また巣の中を見てみたら、子ねずみはみんな死んでいました。もう親ねずみは母乳を与えるのをあきらめたのです。翌年から、私はその早生品種の作付けをやめました。

こんなに百姓の勝手で変えられる田んぼの自然とは、困ったものです。もちろん百姓は困りません。困るのは生きものたちです。食味のいい品種が次々に改良されて、私たち百姓に奨められますが、その新しい品種に替えることによってどういう生きものに影響が出るかまで研究されてはいません。百姓が気づくしかないのです。

せめて生きものたちが生きものらしく生きられるような農業をしようと思うのですが、常に経済価値と天秤(てんびん)にかけなければならないのが現代社会です。いや天秤にかけようにも、農産物の経済価値はすぐに計算できますが、一方の自然の価値は計算できません。そもそもちらを大切にするかという判断基準がないのです。決めるのは、あくまでもその百姓の価値観と感性ということになります。

食べものの価値とは

しかし、百姓だけに任せられても困るのです。農業がどういう自然を生みだし、守り続けているのか、ほとんど他人には伝わっていません。農産物の価格は尋ねるのに、そこで生きている生きもののことを尋ねる消費者はほとんどいません。こうした身近な自然を百姓がひとりで、誰にも知られることなく守っているのは、果たしていいことなのでしょうか。この身近な自然の愛おしさ嬉しさ、そして悲しみをもっと豊かに表現して、村だけでなく都会の消費者に伝え、共有できないものでしょうか。

田舎の風景を眺めるのにカネを払うことはありません。田んぼで生まれている赤とんぼがあなたの前を飛んだとしても、眺めるのはタダです。田畑や村の自然は驚くほどオープンにされて来ました。なぜなら天地自然のめぐみを自分だけで独占するわけにはいかないからです。それが日本に限らず、百姓の感覚というものです。

フランスのミレーの有名な絵『落ち穂拾い』を知っていますか。あの麦の落ち穂拾いをしているのは、百姓ではなく村の中の貧しい人々だと知って、感動したことを思い出します。ところが私の隣の村の年寄りと話していて同じようなことが行われていたことを聞いて、さらに驚きました。「昔から落ち穂拾いは、その田んぼの持ち主はしてはならない、というのが村のしきたりだった。稲刈りが終わる頃になると、袋を手に提げた人たちがもう畦で待っていたものだ」と話してくれたのです。日本とフランスでは宗教もちがい、風土もちがうのですが、農のめぐみとは基本的にみんなのものなのです。

田んぼで生まれた赤とんぼは、学校の校庭でも飛んでいますし、公園でも、砂浜でも、空き地でも飛んでいます。それを見ているあなたは、「自然っていいいな」と感じてくれます。

そこには所有権とか、経済価値とか、実益の影も形もありません。自然は所有するものではありません。

自然は脅威か

「しかし自然は脅威であり、農業は自然との闘いでしょう」と言う人も少なくありません。外からのまなざしで見れば、そう見えないこともありません。それは、農業が人間のためだけにあると勘違いしているからではないでしょうか。たしかに日照りの時も長雨の時もあります。干魃の時には川の流れも細り、川の魚は大丈夫かなと心配になります。稲にとっては、わずかな流れがとてもありがたく、大事に水を田んぼに引いてきます。このわずかな水に感謝するか、この少なさを嘆くかの違いはどこからくるのでしょうか。

長雨の時は晴れることを祈り続けます。稲は懸命に葉を伸ばして、少しでも多く太陽の光を受けとめようとしています。それなのに「今年は葉が伸びすぎて、稲の姿勢が悪い」という指導者がいるのには呆(あき)れます。

科学的に冷静に捉えるなら、雨が降らないときも、田んぼや稲の葉から水分は蒸発し続けて、雨雲をつくり続けています。雨が続く日々でも、雲の上では太陽が変わらずに照り続けているのです。天地自然は災害をもたらすこともありますが、めぐみをもたらす時の方が圧倒的に多いことは誰でもわかるでしょう。自然を農業の脅威や制約として見るのは、自然を克服したい、コントロールしたいという人間の欲望が満たされないからではないでしょうか。

むしろ悪天候のときも、天地自然への感謝と祈りとそして恐れと慎みを忘れないのが、農業によって人間が自然から学んだ最大の感覚と知恵だったと思います。どうやら「自然の脅威・制約」を強調するのは、人間の力で農産物を生産しようとする現代人の偏った考えです。

収穫が一〇%減ると不作、三〇%も減ると凶作だと言われます。しかし不作の年も九〇%の実りがあり、凶作の年も七〇%はめぐみがもたらされたのです。このことへの感謝を忘れ、減収したことを恨むのは筋違いというものです。

近年は大災害が頻発します。そこで「災害列島日本」という言い方もされます。しかし、不思議なくらい日本人の自然観は自然にやさしいのです。私が直接聞いた話ですが、東日本大震災の津波で家を流された人が、家があったところに行くと、がれきの上で雀（スズメ）が二羽鳴いていたので、その人は「おまえたちも住む家がなくなって困っているのか」と話しかけたそうです。また福島原発の事故による放射能汚染で作付けが禁止になった田んぼの上を燕が飛んでいるのを見て、「そうか燕も巣作りの土がなくて困っているのか」と気づいて、泥田の土を提供するために代掻きをした百姓がいました。なぜ、このようにひどい災害に遭っても、天地自然にこんなに優しいのでしょうか。

清水幾太郎さんによれば、関東大震災で家を焼かれ家族を失った人々は、地震が静まり、焼け跡の大地に座って、夕日が空を真っ赤に染めて落ちていくのを見て、言いようのない安らぎを感じたそうです。天地自然の一面によって傷を負った人も、天地自然の大いなる面で救われて来たのが日本人ではなかったでしょうか。それは、内からのまなざしの中の優しさが積み重なってそうなったと思います。

越後の僧、良寛さんが地震で家族を亡くした友人に送った手紙の一節です。

「災難に遭う時節には災難に遭うがよく候、死ぬ時節には死ぬがよく候、是はこれ災難をのがるる妙法にて候」

災害は引き受けるしかないのです。いや引き受けるからこそ、天地自然は救いとなるのではないでしょうか。恨み、悔やみ続けては、救いはやってきません（その点で、福島原発の事故は自然災害ではないので、引き受けることができないのです）。

「自然の驚異や制約を克服することが、農業技術の進歩だ」と散々言われてきた結果として、自然と人間を対立させる態度が強まりました。たしかに農薬で害虫や病原菌の被害を克服し、温室栽培で冬の寒さを克服し、エンジン付きの機械で天候が悪くなる前に仕事を終えることができるようになりました。しかしその結果、自然への感謝と恐れの感覚が薄れたことは隠しようがありません。このことに目をつぶってはいけないでしょう。

百姓としては、毎年毎年田んぼや畑の生きものたちが変わらないことに安堵します。「今年は赤とんぼが少ないな」と気づくと、いやな気持ちになります。心配になるのです。なにかまずいことをしたのかな、と気になるのです。こういう感覚は、まともにとりあげられることはありませんでした。それどころか、百姓が生きものと顔を合わせる時間がどんどん減っています。そのことを農業の進歩・発展だと強調するのは、そろそろやめにしたいものです。

そこで私は四九歳の時、福岡県の農業指導職を辞めて、NPO法人「農と自然の研究所」を百姓と共に設立しました。田んぼの生きもの調査の方法を開発し、百姓の内からのまなざしを衰えさせないようにするためです。そして田んぼの自然を百姓の「生産物」として認めるような社会を実現しようと考えました。そのために百姓の自然へのまなざしを豊かに表現するための方法を生み出したかったのです。

その成果は、（1）田んぼの「生きもの調査」の方法を開発して、ガイドブックを五冊もつくり、（2）「生きもの指標」「草花指標」を提案し、（3）「田んぼの生きもの全種リスト」の完成させ、（4）環境支払い政策を立案して提言し、（5）「生きもの語り」の実作を呼びかけ、（6）「ただの風景」の見方を示し、（7）食べものと生きものの関係式をイラストの絵にして二〇万枚販売し、（8）農業観の大転換を画策しました。（8）以外は、確実に実を結びました。

興味のある人は、「農と自然の研究所」ホームページを見てください。

3　ありふれた自然こそ、人間の「救い」になる？

自然が荒れ、自然が減ってきたにもかかわらず、自然への関心は弱まってはいません。春になって休日ともなると、私の村の海岸沿いの国道は田舎にやって来る車で渋滞します。即売所には都会から多くの人がつめかけて来ます。自然がいっぱいあるところへと行楽の足が向くのです。

「この谷間の村は緑がいっぱいで、いいですね」と褒めてくれますが、その緑とはみかん園が荒れて、竹林になった緑なのです。「常緑の広葉樹がいっぱい残っていますね」と指さす里山は、もう五〇年以上も伐採されないままで、昼間は森の中は薄暗く、下草も生えていません。もうかつての豊かな自然には戻せません。せめて今のままの自然を守ることができたなら、まだしもいいと思って私は生きています。今のままでも、都会からやって来る人たちには、「いい自然だ」と思えるなら、それを守り続けていこうと思うのです。

ありふれたひとときを包む自然こそ大切なんだ

特別に価値のある自然としての原生自然と、身の回りの自然との違いを外から探すなら種の多様性のちがいや希少な種のちがいなど、いろいろと見つかるでしょう。しかし、そこにはどちらも生きものが生きていることに変わりはありません。いやむしろ身近な自然の方が私の人生にとっては、影響を与え続けてくれたものですから、大切なものです。しかもみなさんの力で守ることができるものです。

しかし、おかしなものです。ありふれた身近な自然に価値を見いだすのはとても難しいことです。経済価値でもあれば別ですが、野の花に何の経済価値もありません。私はこういう価値を「特別なすごい価値」に対抗して「ありふれた何でもない価値」と呼んでいます。「自然を守る」とは、このありふれた何でもない価値を守ることです。私たちにはそれしかできません。

ありふれた自然を守る秘策

外から客観的に見るなら、農業は夥しい生きものを殺します。そもそも食べものを食べることが生きものを殺すことになるのですから、生きものを殺さずに生きるのは不可能です。ベジタリアンもフルータリアンも、動物は殺さないかもしれませんが、植物は殺しています。しかし、この殺生を悩まずに済む方法は、二つあります。一つは、ひたすら仕方がない、それが人間の宿命だと自分に言い聞かせることです。そして時折、この宿命に思いを馳せて振り返ることです。食べものを前にして「いただきます」と声に出しながら、食べものに感謝することです。

もう一つは、百姓にできるだけ殺生をしないように、自然にやさしい農業をするように頼むことです。そして自分もそういう百姓が生産した食べものを食べるようにすることです。

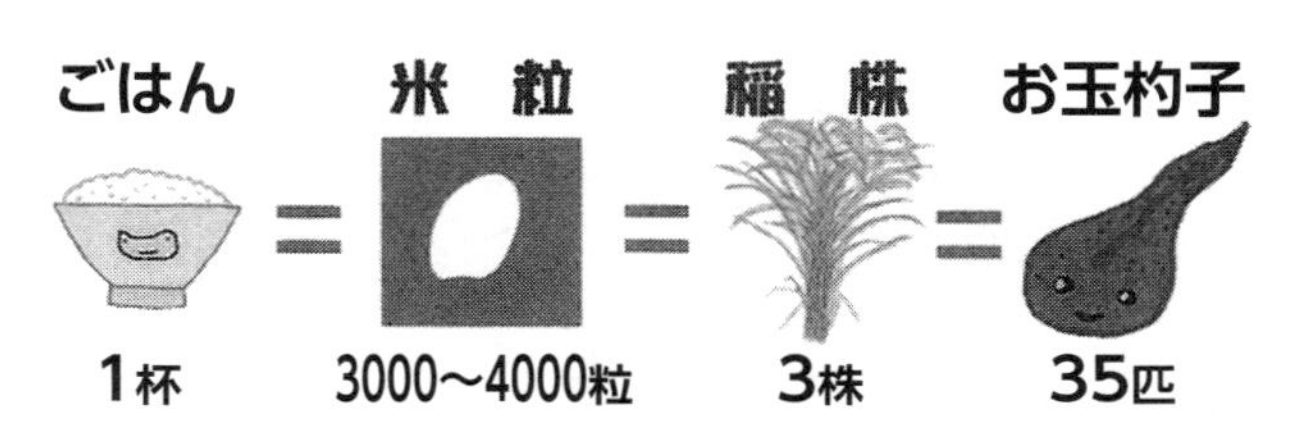

図８　人間とごはんと生きものの関係

このことが「ありふれた何でもない」自然を守ることになります。

図８は私が描いて、評判を呼んだものです。この絵の意味は、「ごはん一杯は稲株三株分の米です。その稲三株のまわりではお玉杓子三五匹が生きています」というものです。

どうですか、「あなたが、ごはん一杯を食べないと、お玉杓子三五匹はこの世界で生きられない」というメッセージを受けとることができましたか。お玉杓子もあなたもごはんを通じてつながっている生きもの同士なのです。こういう関係が成り立つのが田畑の自然なのです。私たち百姓は、食べものに「特別な価値」だけでなく、田畑の自然の「ありふれた何でもない価値」を食べる人たちに伝えてくれと言って、送り出したいのです。

4 「新しいアニミズム」の時代へ

生きものの命

「アニミズム」という言葉を聞いたことがありますか。イギリスの民族学者タイラーが一八七一年に、原始宗教の特色を表す言葉として、はじめて用いました。すべてのものはアニマ（魂）を持っている、という考え方で、文明の発達していない民族特有のものだとされてきたのです。したがって、現代では通用しない古い時代の遅れた精神状態だと決めつけられて、評判が悪かったものです。なにしろ、動物や植物はもちろんのこと、石や水や土や道具などにも、そして自然現象にも命や魂や心があり、人間と話をしたり、精神的な交流ができるとする感覚ですから。

ところが最近では「アニミズム」が見直されてきています。それは自然に対して、現代の主流である理知的な、科学的な見方ではない、深い見方として、再評価されているのです。また、アニミズムは決して文明が遅れている状態ではなく、現代人である私たちも身につけている人間らしさの現れだと考えられています。

たとえば、きれいな花が咲いているのを見たら「ラッキー」と叫んだり、蝿(ハエ)が顔の周りを飛び始めたら、「あっちへ行け」と追い払ったり、まるで生きもの同士が会話している雰囲気です。そもそも花を摘んで飾ったり、鉢植えの花を育てるのも、花と目を合わせるのを楽しんだり、花に挨拶することもあるぐらいですから、アニミズムだと言えるかもしれません。ペットを飼っている人は、飼っているというよりも家族の一員として一緒に暮らしているという気持ちではないでしょうか。これもアニミズムでしょう。

つまり「アニミズム」という西洋由来のカタカナ言葉を使うから、何か特別な感覚のように感じますが、これまで説明してきたように、「生きもの同士」という感覚です。これは日本人だけでなく、人間なら誰でも持ち合わせているものなのです。百姓の「稲の声が聞こえるようになれ」という教えも、日本人の伝統的な天地有情の自然観なのです。

生きものに限らず、山も水も土も生きているだけではなく、魂(精神)を持っているという感覚は農業が狩猟採集の時代から引き継ぎ、さらに深めて来たものではないでしょうか。そこで私はアニミズムを「万物有魂観」と訳しています。

ところが現代では生きものの生や命まで、科学的に解析し、操作できるという考え方が強くなっています。蛙を見て「わっ、かわいい」と言うよりも、「それはトノサマガエルで、絶滅危惧種IB類です」と言う方が科学的かもしれません。これでは生きものと情が通わなくなっていくでしょう。このことへの反省から、かつて生きものだけでなく、天地自然の諸々(もろもろ)と話をしていた時代の感覚・感性が見直されて来ているのです。

生と命と魂

「草木も生きている」と言えば、反対する人はいないでしょう。ところが「草にも命がある」と言うと、違和感を感じる人が増えてきます。さらに「草木には魂が宿っている」と言えば、多くの人が眉をひそめ「それは宗教的な見方ですね」と反応します。

ここには(1)生、(2)生命・いのち、(3)魂・霊性、の三層があることがわかります。もとは一つだったものが、現代社会では三層に分かれてしまった、と言ってもいいでしょう。草木が芽生え、葉を伸ばし、花を咲かせ、実を稔(みの)らせるのは、「生」そのものです。しかし、その生の根源には、その生を生まれさせ、支え、終わらせ、そして再生させる何かがあるはずだと感じ、そう思う時にそれを「いのち」と命名したのです。さらにその「いのち」は、生のときも、生を失った後も存在し続ける、もっとたしかな、それでいて姿ははっきりしないものの力で貫かれているような気がするとき、その存在を「たましい」（霊性）と呼んだのです。

ただ近年気になるのは、「生命」が科学的に説明できるものとして、「いのち」から分離していっていることです。まるで「いのち」から精神性を抜き取ったものが、「生命」であるかのような説明を科学がしがちなのは、薄っぺらな思想ではないでしょうか。「いのち」や「たましい」のない生きものは、生きものではなかったのです。お玉杓子の死骸を前にして、そこにはもうお玉杓子の「生」も「いのち」もありませんが、済まなかったと詫びて声をかける時、お玉杓子の「たましい」はそこにまだ存在しているような気がします。「生」と「いのち」の名残として、そこで私の詫びを聞いているという気がするのです。

擬人法はどこでも使われている

アニミズムと並んで、かつては「擬人法」も幼稚な遅れている表現法だと思われてきました。しかし、日本人に限らず人間は相手の気持ちを読み取る能力が発達しています。そういう能力を持っていないと人間社会（共同体）をつくることはできなかったはずです。この能力は人間だけでなく、生きものにも適用されるようになりました。

お玉杓子やみみずが死んでいると「かわいそう」と思うのは、人間らしい心の動きです。赤とんぼの群れに取り囲まれて、「すごい」と感動するのは、不思議でも何でもありません。自然な感覚です。この感動を家族や友人に語る時には当然人間の言葉で表現します。それをわざわざ「擬人法」と呼ぶ必要などはなかったのです。人間の言葉の使い方で、自然を表現する時に、擬人法でないものを探す方が難しいでしょう。もっとも現代では科学的な表現が発達してきているので、それと比較するから「擬人」と言いたくなるのです。

ところであなたは、科学的な表現とは客観的なものだと思っていませんか。ところが私たちが科学的な法則を理解するときには、擬人法を使っているのです。その方が実感しやすいからです。「植物は太陽光線で、水と二酸化炭素から、澱粉(でんぷん)をつくる」の「つくる」は擬人法です。また「宇宙は一三七億年前に生まれた」の「生まれた」も擬人法でしょう。

科学者であっても、わかりやすく伝えようとすると、無意識に非科学的な擬人法を使ってしまうのです。これは非科学的だと批判するべきではなく、とてもいい文化なのです。それではなぜ「擬人法」は生まれ、今日まで使われているのでしょうか。

擬人法の詩歌

自然の生きものや自然現象と一体化するのが日本人の特性だと説明してきました。つい生きものや自然現象に自分の心を重ねてしまうからこそ、擬人法は自然に生まれて来ました。いくらでもある擬人法の詩歌の中から、私が好きなものを紹介しましょう。

「君が行く　海辺の宿に霧立たば　吾が立ち嘆く息と知りませ」（万葉集）

遠くに行ってしまった恋人に想いを伝えるために吐息が霧となって届くのです。

「もの思えば　沢のほたるもわが身より　あくがれ出づる魂かとぞ見る」（和泉式部）

あの人を想う私の魂は、蛍となって飛び出してきます。

「春霞たなびく山の桜花　見れども飽かぬ　君にもあるかな」（紀友則・古今和歌集）

自然の山桜もあなたも、同じように見飽きないものなのです。

「花の色は移りにけりな　いたづらに我が身世にふる　ながめせしまに」（小野小町・古今和歌集）

わが身と花の色を重ねる嘆きには実感がこもっています。

「悠然として山を見る蛙かな」（小林一茶）

たぶん、雰囲気からして、殿様蛙ではないでしょうか。

「向日葵は金の油を身に浴びて　ゆらりと高し　日のちひささよ」（前田夕暮）

ひまわりが浴びている金の油とは何でしょうか。太陽は小さく見えるのに。

「青蛙　おのれもペンキ　ぬりたてか」（芥川龍之介）

説明はいらないでしょう。

「海に出て　木枯帰るところなし」（山口誓子）

作者の思いとは別に、この木枯らしを当時の特攻隊のイメージでとらえた人が多かったようです。

「かたはらに秋草の花かたるらく　ほろびしものはなつかしきかな」（若山牧水）

廃墟になった城跡で秋の花が語っているのです。

「祈るべき　天と思えど　天の病む」（石牟礼道子）

水俣病に冒されたのは、人間だけではありませんでした。天地自然が水銀に蝕まれたのでした。

擬人法の詩歌を読んでいると、自然物を人間にたとえているものと、人間を自然物にたとえているものとの区別がつかなくなります。これこそアニミズムの特徴です。人間と自然界の生きものや物体は、一体となれば気持ちが通じ、話ができる関係なのですから、どちらが主役でもいいのです。

「淋しさの　底ぬけて降る　みぞれかな」（内藤丈草）
「わが歌をよろこび涙こぼすらむ　鬼のなく声する夜の窓」（橘曙覧）
「淋しくも　また夕顔の　さかりかな」（夏目漱石）
「胸中に原野あり　蝶生まれけり」（高柳克弘）
「草づたふ朝の蛍よ　みじかかるわれのいのちを死なしむなゆめ」（斎藤茂吉）
「何層もあなたの愛に包まれて　アップルパイのリンゴになろう」（俵万智）

生きものと普通に話してきた日本人

日本語は不思議な言葉です。人間の身体と草の身体が同じ音なのです。草の芽は人間では目、花は鼻、葉は歯、葉が生えている茎は歯茎、実は身、穀物の殻は人間の体、耳は両耳だから実実、頬も二つだから穂穂、草の根も人間では心根、性根、種は胤というように見事に対応しています。あまりに出来過ぎていると思っていたら、言語学者の木村紀子さんが解き明かしていました（『古層日本語の融合構造』平凡社）。まず草（稲）の名前がついて、それを人間に当てはめたそうです。『古事記』では、人間は「青人草」という草であり、八千草の一種だとも書かれています。それだけ草と関係が深く、また草の中でも稲は米として体の中に取り込むのですから、とくに関係が近かったからでしょう。

石牟礼道子さんの秘密

名作『苦界浄土』を書いた石牟礼道子さんの感覚は、まさに原始の人間を彷彿(ほうふつ)とさせます。

「夕方などに、ごおーっと風が鳴ってきたりしますと、ああ、山が呼びよるという気がいたしまして、ああ、行かなくちゃと思うんですよね。もう」

「(椎の木の)葉裏がずうっと行く手に向かってひるがえってゆきますよね。あれを見ておりますと、私はむかし木であったというふうにやっぱり思ったりいたします。私、来ましたっていう感じで、どう言えばよいのか、友だちよりももっと近い感じです。海から来ましたって軀(からだ)がいうんですよ。石垣島ではじめて見ましたヒルギの苗の床をほんとうにかわいい苗だと、渚(なぎさ)の中に芽が出て、一面に根づいているのを見ましたとき、ああ私も元はこんなふうに生えていたのかっていう感じがいたしました」(『ヤポネシアの海辺から』弦書房)

子どもの頃、海や山で一人で遊んでいた彼女の感覚は歳(とし)をとっても失われていないのです。みなさんも似たような感覚はありませんか。思い出してみてください。

天地自然と話をする

日本人は昔から、普通に生きものや山や川などと話をしてきました。いくつか代表的なものを紹介しましょう。

『日本書紀』には、高天原から見た下界の葦原中国は、「草や木も、ものを言う不気味な世界だ」と書かれています。もっとも高天原の神々も稲作をし、蚕を飼って機織りをしているのですから、とても人間的です。その葦原中国を平定するために遣わされた神々もさぼってなかなか戻らないのですから、神さまのイメージが変わってしまいます（これも神さまに対する擬人法ですね）。

『万葉集』では、男性の山同士が女性の畝傍山をめぐって恋争いをします。

「香具山は　畝傍を愛しと　耳成と　相争ひき、神代より」

『古今集』の「仮名序」には、「花に鳴く鶯、水に住む蛙の声を聞けば、生きとし生けるもの、いづれか歌をよまざりける」という言葉があります。鶯や蛙も歌を詠んでいるのです。

「鳴く虫のひとつ声にも聞こえぬは　こころごころにものやかなしき」（式子内親王）

一匹一匹の虫にも、心と心があり魂があるから、様々な悲しみがあると感じます。

江戸時代に百姓たちが書いた「農書」は約七〇〇点が知られています。津軽の中村喜時が書いた『耕作噺』には「土地は口がなく、もの言うことはないけれど、心を込めて手入れを尽くすなら、土地のもの言うことが聞こえ、土地の心がわかる」と書いています。こういう感覚は多くの百姓に共有されてきたのです。

文学にいたっては、アニミズムにかかわっている作品を除いたら、半分以下になるでしょう。何らかの擬人法を用いているのは、ほぼ全部でしょう。

このようにアニミズムは、日本人の表現をじつに豊かにして来ました。「雷さまに、臍をとられるよ」「狐にだまされるよ」「罰が当たる」というような言い方は、非科学的で古くさいと思われています。しかし現代でも平気で「車が走る」「朝日が昇る」「雨が降る」「宝くじに当たる」「電車が遅れる」などと表現するのは、擬人法そのものではありませんか。

さらに、科学者が「ロボットが感情を持ち、判断するようになります」と語っているのを聞いて、案外「そうなるかもしれない」と感じるのは、先端科学のことがわかってそう判断しているのではなく、伝統的なアニミズムや擬人法に馴染んできたから、ついそう思ってしまうのではないでしょうか（私はロボットに感情や意識を植え付けることはできないと考えています）。

稲の声

「稲の声が聞こえるようになれ」という百姓の教えも、擬人法と言うよりは、アニミズムと言った方がいいかもしれません。稲の表情から、稲が何を求めているかを読み取るというのなら、やはり人間の能力で読み取るのですから、人間が主役です。科学的に観察したり、分析したりして、稲の状態を知ることとあまり変わりません。そうではなく、稲が出している声が、聞こえてくるのですから、稲が主役で、百姓は受け身です。

つまり「声を聞いてやろう」と思っているうちは、人間が主体ですから、稲の声は聞こえないでしょう。むしろ受け身になって、稲の声に耳を傾けているときに、稲の方から声がするのです。そういう感じになるのです。もちろんその声は、自分の身体の中で、人間の声に翻訳されます。

稲の葉が、虫（コブノメイ蛾（ガ）や稲苞虫（イネツトムシ）など）に食べられているのを目にすると、悲鳴が聞こえるのです。日照りが続いて水が極端に少なくなって、田んぼの中でも特に乾いた部分の稲は葉が巻き始めます。じっと絶えているように感じるのです。もちろん、爽やかな夏の風にそよいで、葉が複雑な模様を描いているときは、まるで踊っているように見えます。風の音を、稲が歌っているように聞こえる時があります。

それにしても年寄りはなぜ「稲の声が聞こえるようになれ」と私に言ったのでしょうか。たぶん、人間がえらそうに技術を行使するのではなく、稲を主役に立たせて、人間は受け身になって耳を傾けなさい。そうするなら、稲という生きもののもっと深いところまで感じることができるよ。そういう境地になるなら、田んぼのことも水のことも、そして天地のこともわかるようになるよ、と教えてくれようとしたのではないでしょうか。それなのに、若かった私は心の中で「何と非科学的で、時代遅れの発想だ」と思ったのでした。つくづく反省しています。

食べもののアニミズム

面白い実験があります。米の食味テストで、あまり味に差のないごはんを二つ用意します。一方はその百姓の田んぼで穫(と)れた米です。それを明かして食べてもらうと、ほとんどの百姓がわが家の米の方がおいしいと答えます。ところが、次に目隠しして、どちらがわが家の米かわからないようにして食べてもらうと、わが家の米がおいしいという比率は50%に近づきます。これは何を物語っているのでしょうか。

人間はごはんに限らず食べものを舌だけで味わっているのではありません。わが家の米を食べるときには、田んぼに通ってその稲の手入れをした記憶が甦(よみがえ)ります。田んぼの風景が目の前に広がり、夏の涼しい風が思い出されます。我が子のように育てた米ですから、おいしく感じるはずです。これも立派なアニミズムでしょう。

食べものの物語り

私の妻が食事をしながら「わが家でとれた食べものは、みんな物語があるよね」と言います。私も「そうだな」と応じます。みんな田畑で、私たちと一緒に、生きものだった時を過ごして、こうして、最後は私たちの身体の中に入っていくのですから。

しかし百姓でなくても、食べものを前にすると「これはどこで穫れたものかな」と思うことが多いでしょう。それは別に「産地表示」を求めているのではありません。その食べものは生きものだったときに、どういう自然の中で、どういう自然のめぐみを受けて育ったのか、そして自身も自然のめぐみとして、この食卓に上がったいきさつを物語として伝えようとしている、とあなたが感じているからです。そう感じるからこそ、「きみはどこから来たの。どのように育ってきたの」とあなたは尋ねるのです。

食べものを食べることは、生きものを殺して、その命をもらうことです。その生きものと話をする最後のひとときが食卓なのです。ぜひ、そういう会話をしてほしいと思います。

残念ながら、工業製品にはこういう気持ちが湧きません。「この時計はどこで、だれがどういう気持ちで製造したのだろうか」と想像することすらなくなりました。まだ時計が職人の手でつくられていたときには、そういう感覚もあったでしょう。しかし大量に同じ製品が工場生産されるようになると、関心は性能と価格とデザインとブランドだけになりました。

じつは、食べものも同じような道をたどっているのです。品質と価格と安全性だけが表示され、評価されつつあります。「中身がよければ、どこでとれたものでもいいんです」と言われつつあります。生きものの生を「中身」とか、「品質・価格・安全性」などの性質で表現できるでしょうか。妻が言う「物語」とは、生きものが語る「物語」なのです。

これこそ、食べもののアニミズムの豊かな世界です。

心の理論

アニミズムが現代人にとっても、かけがえのない豊かな文化だと見直されてきた理由のひとつは「心の理論」が一九七〇年代に生まれたからです。あなたはなぜ、友だちの気持ちがわかるのですか。友だちの表情や言葉や行動や仕草から、読み取っているからでしょう。どうやら他の動物にはこうした能力はないことがわかってきました。みなさんの相手の心を読む能力は人間だけのものです。このように人類は進化してきた、と言われています。

ところがみなさんは、この相手の心を読み取る能力を動物や植物や、そして物にも使ってしまうのです。あなたが生きものが好きなのは、生きものの中に通い合うものを感じるからなのです。これこそ、アニミズムの正体なのではないでしょうか。約五万年前から、人類には死んだ人の墓に花を添える習慣が始まりました。「あの人が好きだった花を供えよう」という気持ちは現代でも続いています。こうしたアニミズムが生まれたからこそ、虫や草だけでなく、雲や雨や太陽や山や川にも心や意図を読み取るのです。「どうして、こんなに雨が降らないんだ。そろそろ降ってくれ」と本気で空を見上げて祈るのです。まるで空に意志があるかのように、相手にしているのです。

私たちが「物語」を生みだすのも、そして宗教までつくりあげて信仰するのも、こういう能力を備えてしまったからなのです。「擬人法」という表現の仕方は、決して昔の古い習慣などではなく、現代にいかす大切なものなのです。

この能力・感覚と習慣がなかったなら、日本人に限らず人間が自然を好きになったり、自然にひかれたりすることなどはなかったでしょう。これからもこの感覚と習慣をもっともっと大事にしていかねばならないと思います。

5 「また会おうね」と感じる生きもの

農の倫理

何度か述べましたが、農業ほど生きものを殺す職業はありません。田畑を耕せば草を殺し、田植えが終われば余った苗を殺し、野菜の苗は間引いて殺します。そもそも収穫するということは、生きものを食べものにするために殺すことです。畜産は殺すために家畜を育てます（これは、農薬で害虫や菌や雑草を、そしてついでにただの生きものを殺すこととは質が違います）。

しかし、私はこのことを苦にして悩んだ百姓を知りません。それはそれなりの工夫、解釈を身につけてきたからです。したがって、百姓が昭和二〇年代の農薬の登場には驚喜するどころか、なかなか受容しなかったのは、その表れでした。

ところが、この百姓の殺生を超えていく知恵はちゃんと表現されることはありませんでした。そのために農薬は別の価値観（近代化思想、人間中心主義）で「受容」され、大きな災禍を招くことになりました。もし、百姓の生きものの死（と生）に対する感性と考え方がしっかり理論化されて哲学や倫理になっていれば、違う結果になったかもしれません。

農業技術に生きものを「殺す」という意識は含まれているのか

工業技術なら問われることもない生きものの生死への配慮が、農業技術には必要です。ところがこれまでの農業技術ではほとんどとりあげられることはありませんでした。たとえば近年の「地球温暖化」対策として、早めに田んぼの水を落として乾かすことによってメタンガス（温暖化ガス）の発生を抑えられます。この技術は環境に優しい技術として奨励されています。しかしこの技術をわが家の田んぼに採用したら、田んぼの中で生きているお玉杓子二〇万匹（10アール当たり）は全滅します。現代の農業技術は、狭い意味での生産を上げることが目標とされ、環境に配慮した技術であっても、このように生きものへの配慮はほとんどありません。こうした徹底した鈍感さが、近代化技術の特徴なのです。何が欠けているのでしょうか。

近年の口蹄疫（こうていえき）対策で「殺処分」された牛は二九万頭を超えました。鳥インフルエンザで「殺処分」された鶏は、何と二〇〇〇万羽に及ぶのです。最近では豚コレラで一〇万頭の豚が「殺処分」されました。この事態は、伝統的な農業の「殺す」こととは次元が違います。同列には論じられません。ワクチンを投与すれば感染が防げますが、病気の「清浄国」ではなくなり輸出ができなくなるという理由で使われていません。生きものの命は国家の貿易の経済価値の前では、抵抗の声さえあげることができないのです。

仏教を超える「また会える」

世界的なベストセラー、ハラリ著『サピエンス全史』（河出書房新社）の一節を紹介します。ホモ・サピエンスは約四万五〇〇〇年前にオーストラリア大陸に移住しました。「その後数千年のうちに、体重が50kg以上あるオーストラリアの動物種二四種のうち、二三種が絶滅したのだ」「この狩猟採集の広がりに伴う絶滅の第一波に続いて、農耕民の広がりに伴う絶滅の第二波が起こった。私たちの先祖は自然と調和して暮らしていたと主張する環境保護運動家を信じてはならない」つまり私たちホモ・サピエンスは「生物史上最も危険な種である」。

ただし著者はこうも言っています。「もっと多くの人がこのことについて知っていたら、現在自分たちが引き起こしている第三波の絶滅についてこれほど無関心ではいられないはずだ」と。そのとおりかもしれません。しかし、私たちの先祖には生きものを絶滅させているという自覚はなかったでしょうが、殺しているという自覚は現代人以上にありました。だからこそ農業では、生のくり返しこそが、もっとも大切にされました。それは田畑や村の天地自然の〝めぐみ（食料）〟だけが重視されたのではありません。天地自然全体が、毎年毎年同じようにやって来て、その中で生きていくこと自体が嬉しいことだったのです。

たとえば草とりは、草を殺すことですが、草を殺しているという感覚はありません。たぶん日本の百姓が草を殺すという視点を持つようになったのは、仏教のむやみに生きものを殺してはいけないという「不殺生戒」の影響ではないでしょうか。たしかに私たち百姓はおびただしい生きものを殺してきました。しかし、そのことに悩まずに済んだのは、鈍感だから、無知だからではなく、何よりも「殺したのに、また次の年に会える」からです。ここにしか「死」を克服する道は見つからないのではないでしょうか。

この感覚は、草木には「生」と「いのち」と「たましい（霊性）」があるという実感につながりました。その結果、面白いことが起きました。日本に渡来した当初の仏教では、草木を生きもの（有情）と認めない教義でした。ところが平安時代になると、「山川草木悉皆成仏」という天台本覚思想が生まれ、草木なども有情化し、仏性を獲得し成仏できることになります。

近年ではこの草木も生きものであり、仏になる仏性があるとする教えは、本来の仏教ではなく日本人が勝手にでっち上げたものだという説が有力ですが、そんなことはどうでもいいことです。

むしろこの「本覚思想」によって、日本人はあらためて、山川草木の命が、自分たち人間の命と同じだという感覚を強く持つことができるようになったのではないでしょうか。なぜなら虫や草も、人間同様に、仏性があり、成仏できるのだから、天地の生きもの同士という天地有情の実感を抱きしめることができるからです。

6 天地自然観の新しい表現は、新しい世界観なんだ

稲植えと言わずに田植えと言うのはなぜ

誰も気づかなかったことに気づくことがあります。それは「変だな、おかしいな」と思う時です。なぜ「田植えと言うのに、稲植えとは言わないのだろうか」と思ったのは、「稲刈り」を「田刈り」という地方があることを知った時です。「稲植え」と言うと、人間が植え

ている、という気分です。ところが「田植え」と言うと、田んぼに植えて、田んぼができあがるというような気持ちになります。つまり田んぼは稲が植わらないと田んぼにならないのです。田植えとは田んぼを田んぼにする儀式のようなものです。

同じように「田刈り」も田んぼの稲を刈り取って、田んぼの役目を終わらせるという気持ちになります。しかし、どうしてこういう言い回しをするようになったと思いますか。田んぼでは、人間が主役ではないからです。稲も含んだ田んぼが主役なのです。もちろん田んぼには稲が植わっていなければなりません。さらに土も水も草も生きものも太陽の光も必要です。それを備えているのが、あるいは受けとめることができるのが田んぼなのです。田植えとは、田んぼに稲を植えて、田んぼとしてスタートさせているのです。あとは、稲も土も水も生きものたちも日の光も含んだ田んぼの力で実りの秋を迎えるのです。

そう言えば、百姓は収穫を終えることを「秋を終える」と言います。この時の「秋」とは収穫のことです。これも「田植え」という言葉と似ていると思いませんか。田んぼで稲が天地自然や百姓の手助けで実ることを「秋になった」と表現するのです。「秋を終える」とは、そうした田んぼへの様々な蓄積（みのり）をいただくという意味なのです。「麦秋」もそうです。麦が初夏に実ることを麦の秋と呼んでいます。天地自然が主役であるという感覚がないと、こうした言葉の使い方は生まれなかったでしょう。

生きもの語り

私は「生きもの語り」を提唱しています。現代の農業の語り方や農産物の語り方は、あまりにも人間が主役になりすぎているからです。「こういう技術を私が駆使して品質のいいものを生産しました」というスタイルの語りが多いと思いませんか。人間のための「積極的な価値」が前面に出すぎています。

食べものも生きものだったこと、そして食べもの以外の生きものと一緒に育ったことが忘れられています。むしろ百姓は生きものたちの声を生きものに成り代わって伝える義務があるのではないかと考えたのです。そこで、人間の立場で語るとどうしても人間のための価値が重視されるので、生きものの代弁者として語ってみたらどうだろうか、と提案したのです。

これはフィクションではなく、百姓が（人間が）そのように生きものが語っていると感じたことを表現する試みです。一つの例を示してみましょう。

田植えを待つ蛙

みかん園の雨蛙は、仲間がほとんどいなくなっていることに気がつきました。

「どこに行ったのだろう」

雨蛙は、去年ここにやってきた道を思い出しながら、生まれた田んぼを目指しました。不思議にちゃんと覚えていて、たどり着くことができました。

まわりの田んぼには、水がいっぱいにたまっていて、もう雄蛙たちがさかんに鳴いています。

しかし、その田んぼは静かで、まだ水がたまっていないのです。

「どうしたのかな」

心配になりましたが、待つことにしました。

ところが翌日も、その次の日も、田んぼは乾いたままです。隣の田んぼの蛙たちが、声をかけてきます。

「こちらの田んぼにおいでよ。早く鳴かないと相手がいなくなるよ」

でも、雨蛙たちは生まれた田んぼで卵を産むのが習性なのです。

一〇日過ぎても代かきは始まりません。二〇日たった頃、やっと百姓が姿を見せました。

「やったー、水が入ってくるんだ」

雨蛙はのどをふくらませて、鳴く準備をしました。ところが百姓の言葉にびっくりしました。

「よーし、今年はこの田んぼは畑にして、大豆をまくとしよう」

するとそばにいた蛙が言いました。

「まだ人間の世界では、米が余っているから、全部は田植えしてはいけないんだ」

雨蛙は深いため息をつき、一年待つことにしました。

翌年も大豆がまかれました。もう一年待つことにしました。

雨蛙の寿命は三年です。三年目の夏が来て、雨蛙はまたやってきましたが、その年も田植えは行われませんでした。雨蛙には、もうみかん園にもどっていく力は残っていませんでした。


（『生きもの語り』家の光協会より）

この雨蛙はとうとう自然に生きていくことができませんでした。この悲しみは、百姓の悲しみでもあるのです。

変わらない自然へのあこがれ

鴨長明の「方丈記」の有名な出だしは次のようになっています。

「ゆく河の流れは絶えずして、しかももとの水にあらず。よどみに浮かぶうたかたは、かつ消えかつ結びて、久しくとどまりたるためしなし。世の中にある人とすみかと、またかくのごとし。」

「うたかた」とは泡のことです。この文は人と人の世のはかなさを表現したものですが、私には「もとの水ではないが、川の水は絶えることはないから、川は変わらない」と原文とはちがう印象で心に残っていました。自然とはそういうものだからです。五年も経てば、五年前の蛙はもう一匹も生きていませんが、ちゃんと子の蛙がそこにいて、変わらない自然が続いていると感じます。そこには一匹一匹の蛙の生と命と魂が、引き継がれています。

この「変わらない」ことが自然のもっとも神秘的で魅力的な性質です。だからこそ、自然は「自然だ」と感じるのです。そして、私もみなさんも静かに憧れるのではないでしょうか。

おわりに

みなさんも道端の花や虫が、ふと目にとまることがあるでしょう。そこに季節を感じても、目を離すとすぐに忘れてしまいます。それでいいのです。花や虫がそのように感じさせてくれ、みなさんがそう感じるのは、ともに自然なことです。それは、かつて花や虫に目を向けた体験が影響しているのですが、もうすっかり忘れています。

この道端の花も虫もありふれた自然です。希少な自然を守ることも大事ですが、ありふれた自然の代わりにはなりません。ありふれた自然へのまなざしこそが、知らず知らずのうちに自然とのつきあいを自分のものにして蓄積しているのですから、一番大切なんだ、と語って来ました。

そういう態度で、果たして自然が守れるのか、という疑問がわくでしょうね。しかし、ありふれた生きものへのまなざしがなくなれば、自然は頭の中で考えるものになり、遠くに行ってしまうでしょう。そうすると、みなさんの体の中にすっーと入って来なくなります。

私は毎日田まわりをします。畦をゆっくり歩いていると、蛙たちは田んぼに飛び込んで逃げます。すぐに水の中から頭を出して、私を見返している蛙もいるので、私も見つめ返します。ふと「この蛙は幸せかな」と思う時もあります。そして「いけない、いけない。人間よりもはるかに自然に生きているのに」と思い直します。

似たような気持ちはみなさんも味わうことがあるでしょう。「わっ、きれい」と花に目をとめたとき、そこには花があるだけです。自分はどこかに行ってしまっています。「この花と私の関係はどうなっているだろうか」なんて考えないでしょう。

でも、たまには自然と自分をきっぱりと分けて、外からのまなざしで自然を分析したり、表現したりせねばならないことも出てきます。「自然にはどういう価値があるのか」「自然を守るとはどういうことなのか」などと考えなければならないこともあるでしょう。そのときに、必ず自分の内からのまなざしで感じてきた自然を重ね合わせることが大切です。そうすれば、自分の言葉で自然を語ることができるようになります。自然を語る方法はいっぱいありますが、こういう方法を忘れないでください。

私の自然の語り方は、どうでしたか。私の見方・感じ方と、みなさんの見方・感じ方はかなり違っていたと思います。しかし、「案外自分と同じだ」と感じたところもあったでしょう。別に賛成しなくてもいいんです。「へぇー、こういう見方もあるのか」と思ってくれたら、もう私もみなさんも同じ世界に生きているという証拠です。この本を書いてよかったと感じます。

さあ、本を閉じて、窓の外の自然にまなざしを向けてみましょう。

本文を書き上げた翌日に、田んぼの苗代に種籾を播きました。いまこのあとがきを書く前に、苗代を見てきました。真っ白な稲の芽がいっぱい一斉に生えそろっていました。大きな安堵の中でこうして最後の文章を書いています。今年も百姓として忙しい毎日が始まります。それが楽しみなのは、相手が生きものだからです。

この本も『農本主義のすすめ』(ちくま新書)と同じように、編集部の松田健さんの力添えで出版することができました。おかげで「自然とはなにか」に本格的に答える百姓でなければ書けない本になりました。ありがとうございました。

ちくまプリマー新書 330

日本人にとって自然とはなにか

二〇一九年七月十日　初版第一刷発行

著者　宇根豊（うね・ゆたか）

装幀　クラフト・エヴィング商會

発行者　喜入冬子

発行所　株式会社筑摩書房
東京都台東区蔵前二-五-三　〒一一一-八七五五
電話番号　〇三-五六八七-二六〇一（代表）

印刷・製本　株式会社精興社

ISBN978-4-480-68357-1 C0240　Printed in Japan